微纳机电系统先进技术研究与应用丛书

纳机电系统

劳伦·特拉夫格（Laurent Duraffourg）
［法］ 著
朱利安·阿尔卡莫内（Julien Arcamone）
曹峥 译

机 械 工 业 出 版 社

本书介绍了 MEMS（微机电系统）向 NEMS（纳机电系统）的演变、NEMS 的相关理论和技术以及相关的前沿研究。书中内容主要讨论了 NEMS 的机电特性、尺度效应带给 NEMS 的有趣性能以及目前的制造工艺，为该领域目前和未来的研究提供了清晰的叙述。

本书针对性强、内容精练，非常适合对 MEMS、NEMS 这一特定话题感兴趣的读者阅读，同时也适合 MEMS、NEMS 技术人员和设计人员使用，可供 MEMS、NEMS 专业的高年级本科生和研究生参考。

图书在版编目（CIP）数据

纳机电系统/(法）劳伦·特拉夫格，（法）朱利安·阿尔卡莫内著；曹峥译. —北京：机械工业出版社，2018.3

（微纳机电系统先进技术研究与应用丛书）

书名原文：Nanoelectromechanical Systems

ISBN 978-7-111-59127-6

Ⅰ.①纳… Ⅱ.①劳… ②朱… ③曹… Ⅲ.①纳米技术 - 应用 - 机电系统 - 研究 Ⅳ.①TM7

中国版本图书馆 CIP 数据核字（2018）第 023236 号

机械工业出版社（北京市百万庄大街 22 号 邮政编码 100037）

策划编辑：顾 谦 责任编辑：顾 谦

责任校对：张 征 封面设计：马精明

责任印制：张 博

三河市国英印务有限公司印刷

2018 年 4 月第 1 版第 1 次印刷

169mm × 239mm · 9 印张 · 174 千字

0 001—2 800 册

标准书号：ISBN 978-7-111-59127-6

定价：59.00 元

凡购本书，如有缺页、倒页、脱页，由本社发行部调换

电话服务	网络服务
服务咨询热线：010 - 88361066	机 工 官 网：www. cmpbook. com
读者购书热线：010 - 68326294	机 工 官 博：weibo. com/cmp1952
010 - 88379203	金 书 网：www. golden - book. com
封面无防伪标均为盗版	教育服务网：www. cmpedu. com

译　者　序

作为众多行业产品的基本组件，MEMS（微机电系统）有着广泛的应用领域，如消费电子、汽车电子、工业控制、智能家居等，其市场规模在2014年已达到111亿美元。据预测，2020年全球MEMS产业将达到300亿美元。小型化所带来的优势促进了MEMS向NEMS（纳机电系统）的发展。因受到近年来智能移动设备、可穿戴设备以及物联网市场的驱动，与MEMS/NEMS相关的研究与日俱增，新兴器件和新技术层出不穷，MEMS乃至NEMS传感器件的应用前景将十分光明。

2015年，我国的MEMS器件市场规模占据全球市场的1/3，并处于高速增长状态。在国家自然科学基金“十三五”发展规划中，“微纳集成电路和新型混合集成技术”被列为信息科学部优先发展领域，体现出我国对于该研究领域的重点关注。随着国内在设计、制造、封装和测试等技术和工艺方面的日益成熟，我国在全球机电领域的竞争力不断增强，与发达国家的差距在逐渐缩小。

本书主要针对MEMS到NEMS的转变中遇到的尺度效应问题和相关的解决方案进行了讨论，对当前的制造工艺进行了介绍，并对未来的技术发展方向进行了展望。相比市面上的相关参考书籍，本书篇幅短小、内容精练、针对性很强。对于开展相关研究工作的人员来说，是一本非常实用的理论和技术参考书。

译者希望感谢负责本书引进工作的机械工业出版社的朋友们，以及几年来给予译者大力支持的家人。没有他们，本书与之前的几本译作均不可能顺利地完成并出版。谨以本书献给译者的先生、父母与公婆。

译者

原书前言

自 Blaise Pascal 于 1642 年发明了第一台计算器（见图 1）以来，机械系统为工业革命作出了巨大的贡献，并继续在人们的日常生活中发挥着基础性的作用。

图 1　Pascaline 加法器（来源：IBM）

在 20 世纪 80 年代，机械系统发展到微米级，成为微机械系统。它们的横向尺寸范围从几微米到几百微米，厚度为 10μm。这些是换能器，它们的特别之处在于它们能将机械能（移动、约束）转换成电能。最有名的换能器是微陀螺仪和压力传感器，它们有着无数被普通公众所利用的应用（安全气囊、移动电话、游戏等）。微电机如图 2 所示。

图 2　微电机（来源：MEMSX）

几年前，与电子技术结合的机械技术达到纳米级。纳米系统因此渗透到介观物理的世界，在尺寸 1nm ~ 1μm 的分子或超分子尺度下工作。这些物体是能够测量物理学、化学或生物物理学中分子间的相互作用的最新探针。它们涵盖了大量的应用，从信号处理到超弱刺激的检测。具体而言，其较低的质量（10^{-18} ~ 10^{-15}g）使它们成为识别生物界内大分子或测量细胞强度的理想选择。这些组件的潜力暗示了它们将在医学诊断、环境监测和食品质量监测领域扮演重要的角色。本书将介绍纳米系统的理论和科技元素。希望本书能够成为未来读者的一个有用的工具，并为该领域当前和未来的研究提供一个尽管可能不够完整的蓝图。硅纳米线如图 3 所示。

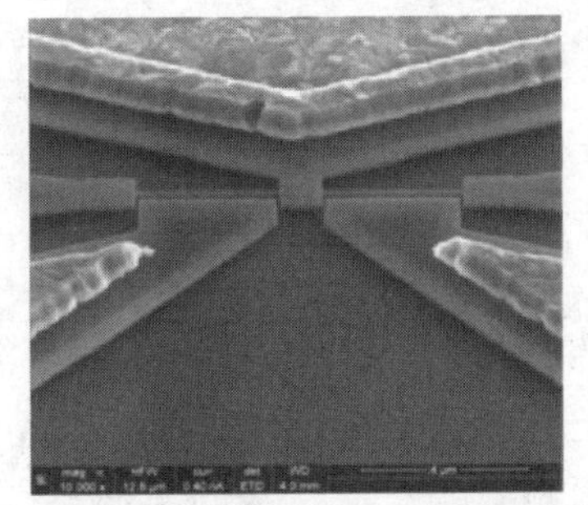

图 3　硅纳米线（来源：CEA – LETI）

Laurent Duraffourg

2015 年 4 月

目　录

物 理 常 数

ε_0：真空介电常数（8.85×10^{-12}F）

μ_0：真空磁导率（$4\pi\times10^{-7}$ H·m^{-1}）

h：普朗克常数（6.62×10^{-34}J·s）

$\hbar$：约化普朗克常数（$h/2\pi$）

k_B：玻耳兹曼常数（1.38×10^{-23} J·K^{-1}）

m_e：电子质量（9.105×10^{-31}kg）

Da：1 道尔顿原子质量单位（1.6605×10^{-24}kg）

e：电子电荷（1.602×10^{-19}C）

N_A：阿伏伽德罗常数（6.022×10^{23}）

c：光速（2.997×10^{8} m·s^{-1}）

物　理　量

x、y、z：位移（m）
v_x、v_y、v_z：速度（$m \cdot s^{-1}$）
a_x、a_y、a_z：加速度（$m \cdot s^{-2}$）
m：NEMS 的总质量（kg）
m_{eff}：NEMS 的有效质量（kg）
k：NEMS 的刚度（$N \cdot m^{-1}$）
k_b：玻耳兹曼常数（$J \cdot K^{-1}$）
k_{eff}：NEMS 的有效刚度（$N \cdot m^{-1}$）
k_d：Duffing 刚度（$N \cdot m^{-3}$）
l：长度（m）
w：宽度（m）
t：厚度（m）
g：静电间隙（m）
E：弹性模量（P）
I：转动惯量（m^4）
σ：约束（P）
ε：伸长率
ρ：密度（$kg \cdot m^{-3}$）
T：温度（K）
ℓ：平均自由程（m）
q：电荷（C）
C_{th}：热导（$J \cdot K^{-1}$）
G_{th}：热导（$W \cdot K^{-1}$）
R_{th}：热阻（$W^{-1} \cdot K$）
σ_{th}：导热系数（$W \cdot K^{-1} \cdot m^{-1}$）
N_a、N_d：受体（P）、供体（N）掺杂剂的水平（cm^{-3}）
R：电阻（Ω）
C：电容（F）
μ_e：电迁移率（$m \cdot V^{-1}s^{-1}$）
ρ_e：电阻率（$\Omega \cdot m$）

$\Delta R/R$：相对电阻变化

P_{th}：热弹性耗散功率（W）

P_{e}：电耗散功率 - 焦耳效应（W）

G、γ_{G}：压阻应变系数

Q：品质因数

f_1：NEMS 的第 1 个机械模态的共振频率（Hz）

f_n：NEMS 的第 n 个机械模态的共振频率（Hz）

δf：标称频率附近的频散（Hz）

Δf：相对标称频率的频率增加（Hz）

ω_1：角频率（$2\pi f_1$）

ω_n：角频率（$2\pi f_n$）

第 1 章　从 MEMS 到 NEMS

1.1　微纳机电系统：概述

本章开始是对纳机电系统（NEMS）的定义，这将基于微机电系统（MEMS）：在后者的 3 个几何维度中，至少有两个维度显著地降至纳米尺寸。微系统是用于致动器或传感器的小型机电换能器组件[BUS 98, MAD 11]。它们包含一个在力的作用下能够移动的机械元件（见图 1.1）。该力可以是需要被测量的物理刺激所引起的，如压力差（见图 1.2）或加速度（见图 1.3）。当移动体需要被置于受控运动中时，该驱动力还可以是人工诱导的。在图 1.4 中，一张膜被通过一个静电力驱动，构成一个射频（RF）微动开关。图 1.5 给出了不同类型的 MEMS，例如光学微镜、微悬臂梁（微梁）和可以作为 RF 时钟使用的振动板。

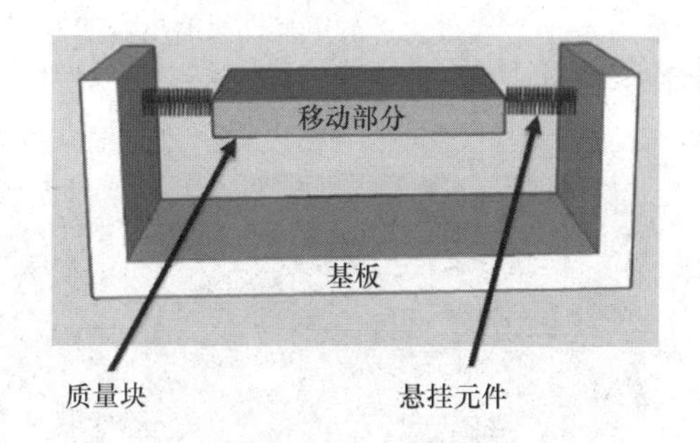

图 1.1　包含质量块的悬挂机械结构的示意图，该质量块通过两个悬架被固定到支撑上，使其能够运动（侧向地和/或水平地）

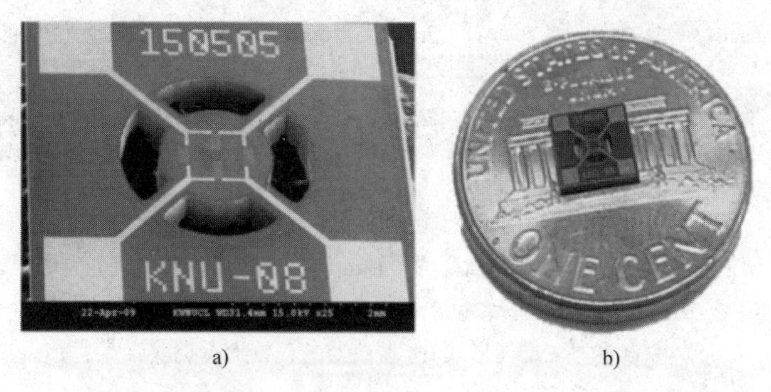

a)　　b)

图 1.2　具有悬挂膜的微系统，其运动由需要测量的力引起

a）微压力传感器（压力梯度导致膜的垂直运动）　b）该组件的尺寸与一分硬币进行比较[KIM 12]

自 20 世纪 70 年代被开发以来，MEMS 已经于 90 年代开始被用于航空[BAR 11]、汽车和消费应用。例如，惯性传感器（如微加速度计，见图 1.3）、陀螺仪或磁力

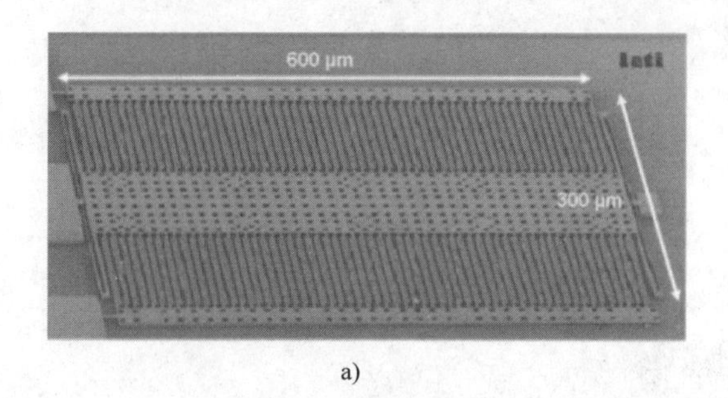

a)

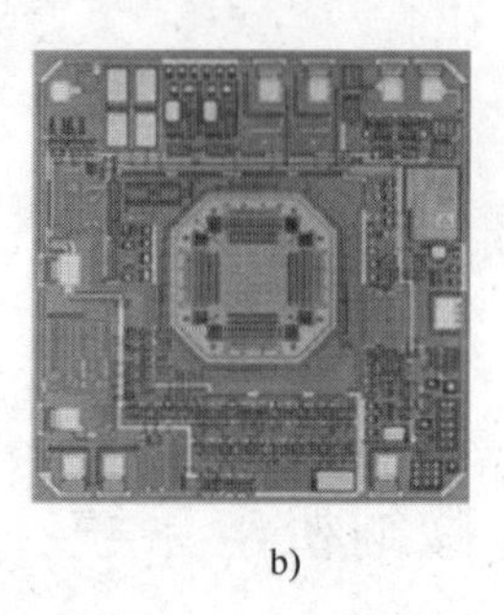
b)

图 1.3　a）通过交叉静电梳而具有电容检测器的微加速度计（测试质量受到加速后的水平运动）（来源：LETI）　b）用于该传感器的集成电路的示例（来源：ST Microelectronics）

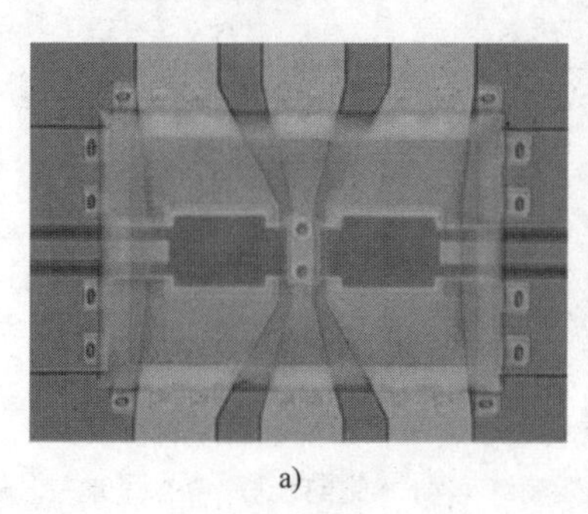
a)

b)

图 1.4　a）RF 微动开关：由静电力垂直驱动的膜，取决于其位置，在两个轨道之间实现或不实现欧姆接触（来源：LETI）　b）该部件及其在电路上的封装

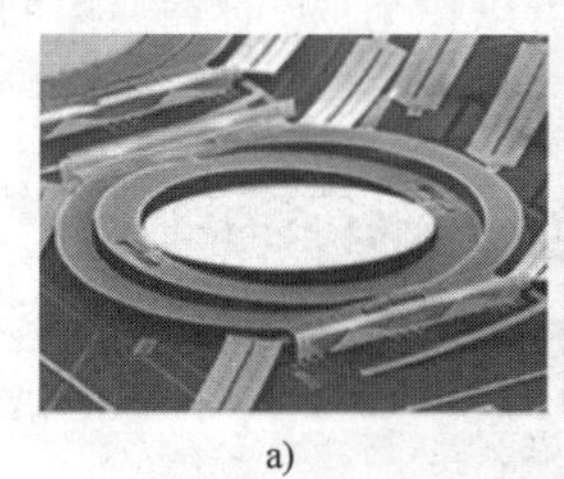
a)

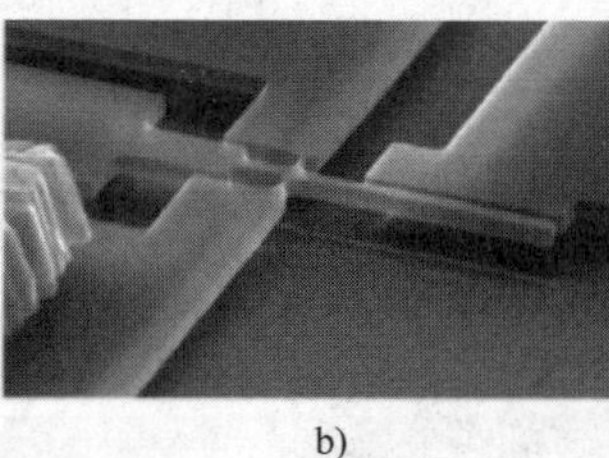
b)

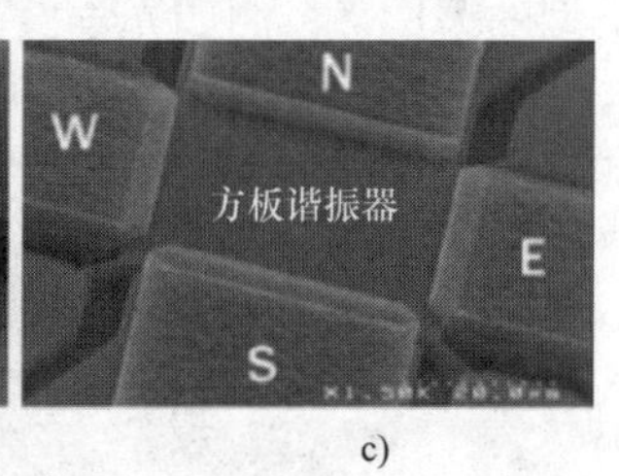

c)

图 1.5　a）模拟设备双轴微镜：板可围绕两个轴运动。这些扭转运动由静电力矩引起 [AKS 03]　b）通过梁和控制电极之间的静电力进行水平驱动的悬臂 [MIL 10]　c）由电容力驱动而形成 RF 振荡器的正方形振动膜 [ARC 10]

计已经被大规模集成到汽车（用于释放安全气囊的加速度传感器）、游戏机（Wii）甚至是手机里 [YAZ 98, BEL 05]。微致动器被用于视频投影仪和传声器，或构成医疗流体应用的微型泵 [THI 00]。最近，MEMS 已经开始被作为开关（见图 1.4）或参考时钟（见图 1.5）集成到 RF 电路中 [NGU 00]。MEMS 已经达到脱离纯研究领域的

成熟水平，目前正在直接被大型公司的研发部门（R&D）开发，如 Bosch 公司和 ST Microelectronics 公司[YOL 12]。

NEMS 出现于 21 世纪初期。不像 MEMS，NEMS 是一种新兴技术。NEMS 长久以来被用于基础研究中的介观物理机制的探测。极端小的尺寸使得它们对任何外界刺激都极为敏感。为了说明这一点，图 1.6 示出几种从微加速度计（存在于汽车安全气囊中）变迁到悬挂硅纳米线（其电气和热导性能受到尺度效应的极大影响）的机械结构的典型尺寸。

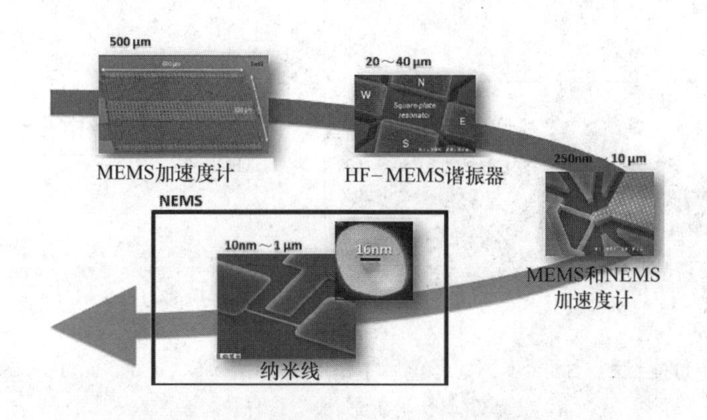

图 1.6　从 MEMS 到 NEMS：典型尺寸

NEMS 极端的敏感性开辟了通往生化分析应用整个行业的道路，这是其“老大哥”MEMS 所没有解决的[EOM 11]，例如力传感器[ARL 06, RUG 04]和超灵敏质量传感器[EKI 04a, YAN 06, CHA 12]（见图 1.7）。测量 NEMS 表面上停留的质量的原理是相对简单的：它包括监测一个被保持振动状态（在一个固定的受控幅度内）的 NEMS 的频移，该振动状态被通过一个“锁相环”（PLL）闭环电路或一个自激振荡型电路所保持。任何停留在纳米传感器表面上的元素都引起一个频率变化，对此进行连续的测量（质量和/或表面约束变化）。这被称为重力效应（见图 1.8）。自然地，该检测原理可以与一个或多个原理结合，如由静电表面电位的变化引起的 NEMS 的电导变化，以潜在地提高测量参数的数目，从而提高测量精度。将这一方法向前推进，NEMS 可能被用作未来基于单个细胞的面向蛋白质组学分析的质谱仪的核心部件[NAI 09, HAN 12]。短期来说，NEMS 将很可能被用作多气体分析系统的传感器。关于这两个应用的细节将在第 5 章中给出。随着时间的推移，这一技术将能够对潜在危险的气体进行量化，如挥发性有机化合物（VOC），从而分析室内空气的质量，甚至识别口气中的生物标志物[ARC 1, BAR 12a, FAN 11]。“NEMS”技术还可以被用于构成近场工具（磁共振力显微镜和原子力显微镜）的新型探针[MID 00]。

机械纳米结构已经大大超越了传感器的应用领域，可以被作为微电子学中的开关/纳米继电器使用。更具体来说，馈入低电路消耗（或功率门控）的纳米开关可

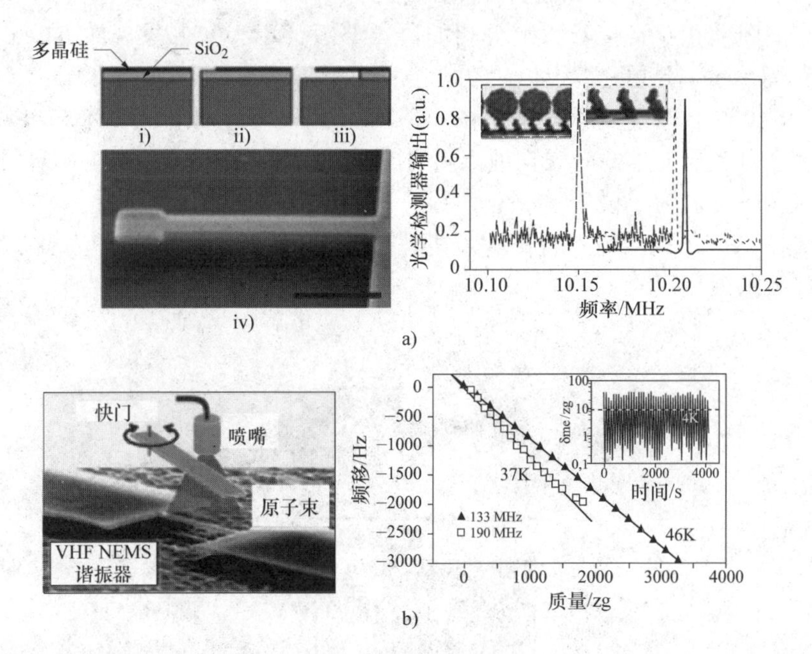

图 1.7 质量测量的示例（本图的彩色版本请参见 www. iste. co. uk/duraffourg/nems. zip）

a）根据 Ilic 等人的研究[ILI 04]的杆状病毒测量

b）根据 Yang 等人的研究[YAN 06]的氙原子测量（噪声本底为 7 zg 或 30 个氙原子）

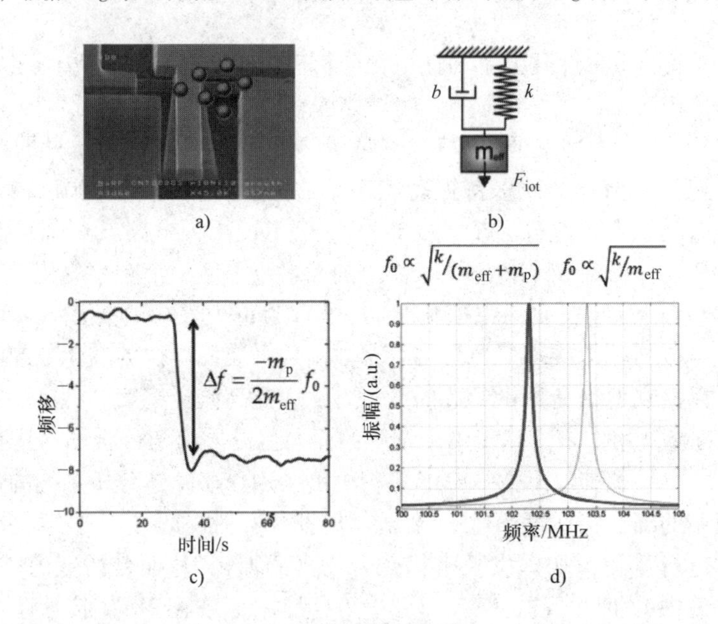

图 1.8 质量测量的原理

a）表面留有颗粒的纳米谐振器的示例（纳米悬臂） b）质量/弹簧型谐振器的等效 1D 模型 c）由颗粒到达表面所引起的频移（频率的跳动使人们能够推导出增加的质量。运行频率使频率恢复到之前的频率） d）从光谱角度看：频谱向低频迁移

以被实现。与经典的金属氧化物半导体场效应晶体管（MOSFET）相比，纯的机械部件具有很少的泄露或无泄漏。它们还可以替代直流—直流（DC - DC）变换器中的金属氧化物半导体（MOS）晶体管，使得来自一个给定源的可用能量从电荷被调换成一种可用的形式（调换的发生是通过利用开关将源能量磨碎实现的）成为可能。除了上述应用中对 MOS 晶体管的替代，一些研究者还设想实现一种与 19 世纪 Charles Babbage 机械计算器类似的机械记忆。因此，大量基于机械元素的（见图 1.9）或 NEMS/晶体管混合元素的（见图 1.10）关于纳米继电器的研究工作在近年来被开展[LOH 12, GRO 08a, GRO 08b, AKA 09, ABE 06]。尽管经典的晶体管受限于一个低于 60mV/10 倍频程的阈值斜率，悬挂栅极晶体管已经证明具有 2mV/10 倍频程的亚阈值斜率，从而使限制静态漏电流成为可能[ABE 06]。

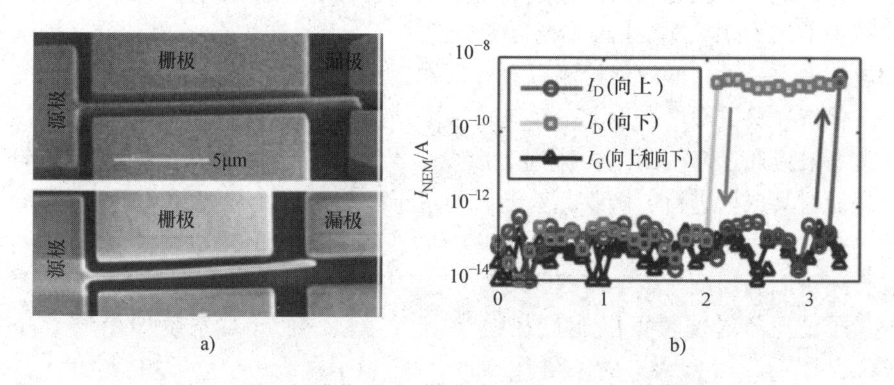

图 1.9　使用悬挂纳米悬臂实现的纳米继电器的示例[CHO 09]

（本图的彩色版本请参见 www. iste. co. uk/duraffourg/nems. zip）

a）通过扫描电子显微镜（SEM）观察到的纳米继电器　b）电流测量的示例：当梁黏到漏极时为打开（ON）状态，当梁放松时为无电流的关闭（OFF）状态，OFF 状态下，漏电流为 5×10^{-14}A，这比当前的 MOSFET 晶体管低几个数量级

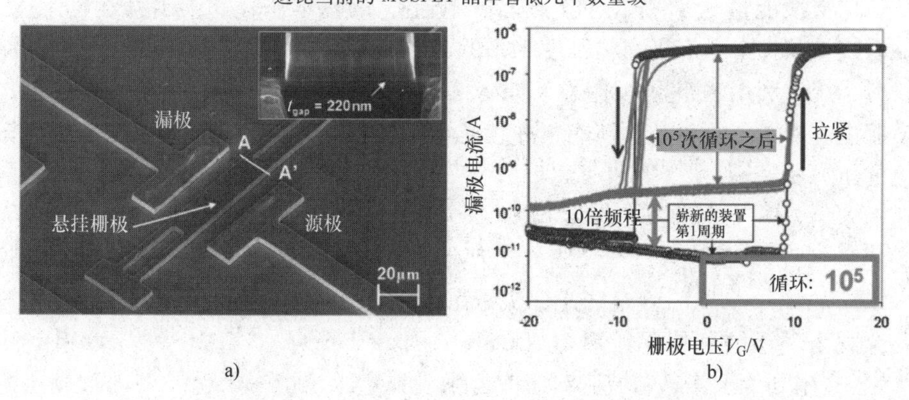

图 1.10　悬挂栅极 MOSFET（SG - MOSFET）

a）置于 MOS 晶体管沟道上方作为悬挂栅极使用的梁　b）电流根据该栅极的位置被调制——在高位置时晶体管关闭，在低位置时（栅极黏在沟道上）晶体管导通，漏电流为 10^{-11} A，10^5个循环后为 10^{-10} A

本书的第 2 章将对这一尺度下使用的最重要的转导原理（驱动和检测）进行探讨。

NEMS 也是观察介观现象非常好的工具[BLE 04]。大量的团队专门研究量子极限下对振动纳米梁的最终位移的测量[SCH 05]。这一极限对应于 NEMS 的基本振动量子态。一根保持在高频率振荡ω_0和低温下（$\hbar\omega > k_B T$）的梁是一个量子振荡器，因此可以被利用量子物理的形式所描述（欧拉－伯努利的经典机械方程将被量化）。海森堡的不确定性原理预测梁的位置不能以大于$\Delta x_{SQL} = \sqrt{\hbar/2m\omega_0}$的精度被获知，其中 m 是梁的实际质量，ω_0 是梁的共振本征频率[BRA 92]，Δx_{SQL}被称为标准量子极限。换句话说，测量破坏了想要测量的系统的状态。当试图达到这一基本极限时会出现两个问题。为了达到量子机制，有必要对系统进行冷却。通常对于一个频率为 1GHz 的谐振器来说，温度必须低于 50mK。这一温度无法通过传统的低温手段获得。一种超低噪声检测方案必须被使用，并且对于该系统的量子态的扰动必须被保持在最低限度。该测量系统对于量子纳米系统有着反作用的影响，反之亦然。这一效应通过修改阻尼，倾向于改变量子纳米谐振器的共振频率和其局部温度，最后对其振幅进行了修改。检测器和量子系统（被冷却的 NEMS）之间的这一永久的相互作用将检测极限设置在略高于标准量子极限处[CAV 82]。为了达到基本状态，还可以利用反作用，将 NEMS 局部冷却到低温室温度以下。

量子谐振器的位移可以通过在纳米谐振器和一个介观系统如单电子晶体管（SET）[KNO 03, LAH 04, NAI 06]（见图 1.11）、一个量子盒或一个量子触点[CLE 02a]之间实现电容耦合测得。该梁构成一个控制电子从一个点跳跃到另一个点的静电门。另一种方法包括使用超导量子干涉器（SQUID）微磁力计，其一个分支由振动梁构成[ETA 08, BLE 08, POO 11]。

物理学家还从冷却原子的工作中获得灵感，通过与激光源的光子之间的反斯托克斯作用交换能量[COH 98]，同时达到谐振器㊀的基本态，并读出其运动。因此，机械系统被与一个具有极高精细度水平的光学谐振腔相耦合。根据一个早期的测定图，微系统被利用法布里－珀罗（Fabry－Pérot）腔的一个镜子取代，或被包含在光学腔内。因此，测量是干涉的，并且光学机械相互作用被通过光子施加到机械元件上的压力所实现[SCH 06, KIP 08, GRÖ 09, MAH 12, GIG 06]。在第二种方法中，机械系统通过倏逝波耦合与集成光学微谐振器（如环或光子晶体）进行相互作用[ANE 09, SCH 08, SCH 09, LIN 09, LIN 10]。类似地，纳米谐振器可以与一个微波谐振腔耦合[NAI 06, O'CO 10, HER 09]。这些光学机械系统将在第 4 章中介绍。

介观物理还被利用库帕对盒（Cooper－pair boxes）[NAK 99, VIO 02]或微 SQUID[SCH 00a]应用到量子信息领域。对于前者来说，量子位由一个超导岛内过剩电荷的量子态的叠加构成（耦合是静电的），而对于后者来说，量子位源自流态的叠加

㊀ 谐振器上的光的反作用冷却。

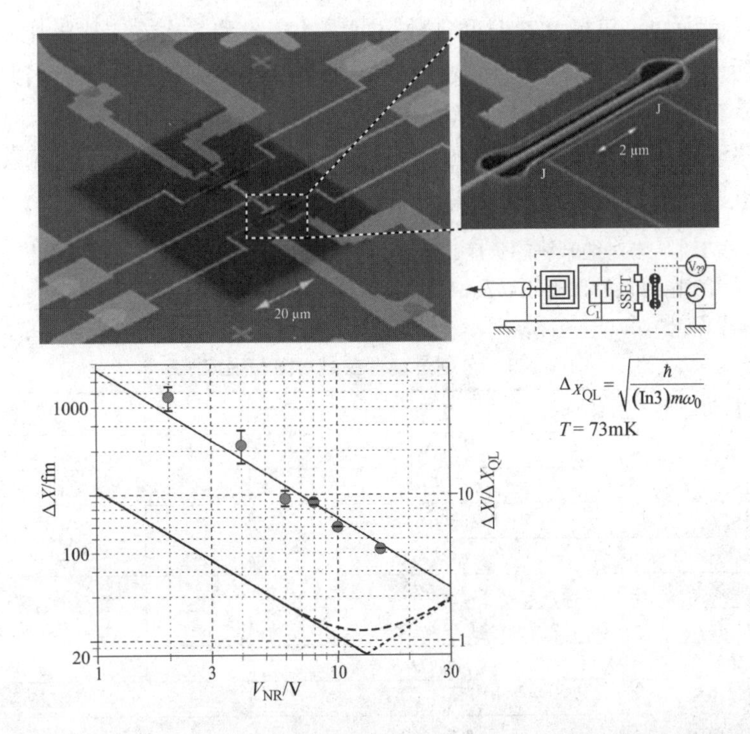

图 1.11　根据 Lah 等人的研究[LAH 04]，在低温下对频率为 20MHz 的振动梁的位移的最终测量——SET 被作为一个灵敏度约为 10μe/Hz 的静电计使用——黑色曲线：炮火的声音——红色曲线：反作用的声音——蓝色曲线：考虑不相关的噪声源的二次方和。本图的彩色版本请参见 www. iste. co. uk/duraffourg/nems. zip

(耦合是磁性的)。最近，K. Schwab 的团队将一个库帕对盒与一个纳米谐振器耦合，从而读出电荷的量子态[LAH 09]。若需要了解超导量子位的完整描述以及它们在量子运算中的应用，请参考文献［BLA 03］。以同样的方式，纳米机械结构被通过一个基于电荷穿梭的智能转导被置于振荡之中[GOR 98, ERB 01]。为了测量由光子带来的量子热的不同实验也已经被尝试进行[SCH 00b, FON 02]。

1.2　小结

NEMS 无论在基础还是应用方面都很有趣。它们往往具有较高的机械共振频率(通常为 1 ~100 MHz)，消散较低的能量（机械的和电气的）。它们足够敏感，使得质量测量可以在单分子水平（分子计数）实现，可以逐个地计数电子或声子，或测量接近皮牛的力。这一陈述可以通过书写一个纳米梁的主要力学性能的表达式得到支持，该梁在其 3 个尺寸上被类似地施加了缩减系数 α。该表达式和这些机械参数的典型值在表 1.1 中进行了总结。可以看出，当 α 降低时，降低尺度导致共振频率上的线性增加。机械和热时间常数根据线性定律和二次方定律随比例因数而降低。换句话说，NEMS 响应请求的速度如纳米梁的尺寸变化一样快。因此，横截面积为 50nm^2、长度为 $1\mu\text{m}$ 的硅纳米线在少于 10ns 内即可热化。从而，有可能利用热机械力驱动高频率 NEMS，这对于微系统来说是不可能的。这也意味着 NEMS 传感器可以被用于检测快速现象（约为 $1\mu\text{s}$ 或更少）⊖。

表 1.1　当对纳米线的长度、宽度和厚度施加缩减系数 α 时，其主要机电特性的数量级以及相关的标度律：$l'=\alpha l$、$w'=\alpha w$、$t'=\alpha t$（见图 1.12）——E、ρ、c、κ 分别是弹性模量、密度、热容量和热导率，k_B 和 T 分别是玻耳兹曼常数和温度

参数	定律		典型值
质量	$m \propto wlt$	α^3	1pg ~ 10fg
刚度	$k \propto Ewt^3/l^3$	α	$1 \sim 10^2$ N/m
频率	$f \propto \sqrt{E/\rho}\ t/l^2$	α^{-1}	10MHz ~ 1GHz
耗散机械能	$P_{th} \propto 2k_B TQ/\pi f$	α	100aW ~ 10fW
机械时间常数	$\tau_m \propto Q/2\pi f$	α	0.1 ~ 10μs
热时间常数	$\tau_{th} \propto c\rho l^2/\kappa$	α^2	0.1 ~ 100ns
噪声振幅	$\sqrt{2k_B TQ/fk}$	1	1 ~ 100fm
有效噪声	$\sqrt{2k_B Tk/fQ}$	α	10fN ~ 1pN
质量检测极限	$\delta m = 2\delta f/f_0$	α^3	(ag ~ yg)

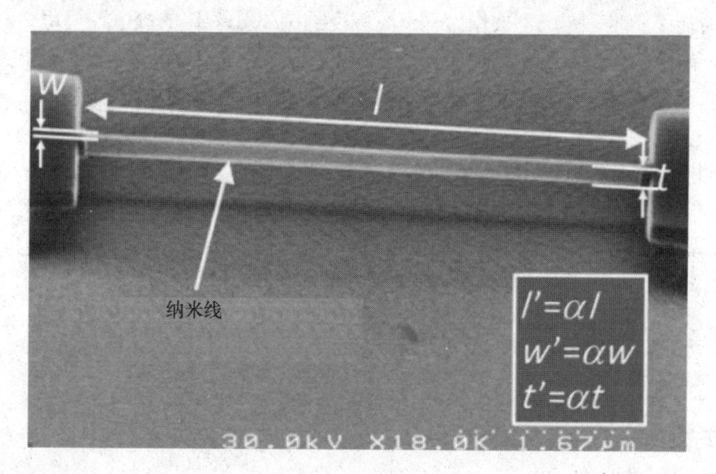

图 1.12　长度 l 为 3μm、宽度 w 为 80nm、厚度 t 为 160nm 的悬挂硅纳米线（来源：LETI）

⊖ 然而，传感器的整体响应时间必须将监控电子（驱动和检测）纳入考虑。在某些情况下，这一部分的响应时间比 NEMS 本身要慢。

第 2 章　纳米尺度上的转导与噪声的概念

如何在纳米尺度上实现机械位移的有效电转导呢？为了回答这个问题，本书将考虑一个在其本征频率下发生谐振的纳机电系统（NEMS）。如第 1 章所描述的那样，大量的纳米传感器使用频率检测（例如，见图 1.8a）。

如果 NEMS 能够以它的传递函数描述，每个函数描述一个基本的转换（见图 2.1），则研究共振传感器会变得更加容易。在线性的范畴内，这些转换由传递函数 K_A 和 K_D 表示。驱动引起的谐振器的运动由一个记为 $\alpha(\omega)$ 的机械传递函数表示，该函数在图 1.8d 中已给出。为了描述这一机械响应和相关的概念，将给出关于该机制的简要提示。

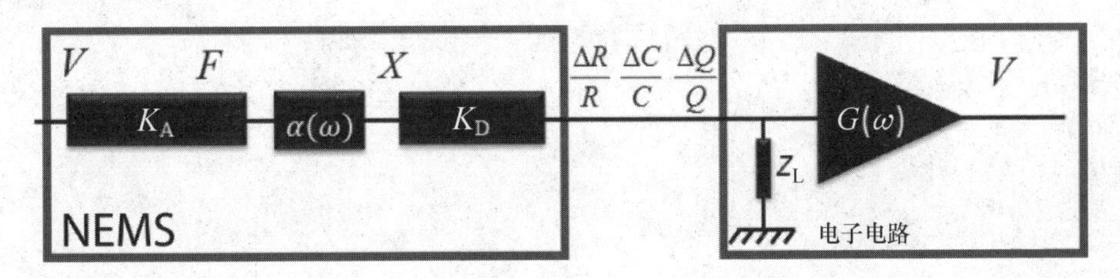

图 2.1　电子读取器的操作方案：NEMS 由一个传递函数积（线性假设）表示。第一个传递函数 K_A 将致动电压转换成力（静电、热、压电等），第二个函数 $\alpha(\omega)$ 使 NEMS 因为该力而发生运动，第三个传递函数 K_D 将一个电特性（阻抗、电荷等）的变化转换成对机械要求的响应。电子读出电路将该变化转换为输出电压。Z_L 是 NEMS 感知的电子电路的输入阻抗

不管是何种应用，运动都必须能够被检测到。尽管如此，为了设计一种性能优良的纳米传感器，有必要对由 NEMS、转导方法和读出电路构成的整个系统的噪声和信噪比（SNR）进行评估。因此，本章将针对前面提到的多个检测方案的噪声来源进行总结。

2.1　机械传递函数

为了便于说明，将详细介绍确定一个简单梁的（Lorentzian）传递函数的方法，该结构是最常用的 NEMS 几何形状。特别地，将尝试计算该梁的谐振频率 f_n，以及相关的有效质量[1]。对于长度与振动厚度的比值远大于 1 以及较小位移的情况，梁的运

[1] 振动过程中运动的质量。

动在任意一点都可以使用欧拉 - 伯努利（Euler - Bernouilli）方程[WEA 90]来描述：

$$EI\frac{\partial^4 y(x,t)}{\partial x^4}+b\frac{\partial y(x,t)}{\partial t}+\rho S\frac{\partial^2 y(x,t)}{\partial t^2}=F(x,t) \tag{2.1}$$

式中，E 是弹性模量；I 是二次方转动惯量 $I=wt^3/12$（考虑一个厚度方向上的运动）；ρ 是密度；$S=wt$ 是梁的横截面积；l 是梁的长度；b 是流体阻尼系数；x 是沿梁方向上的位置，其中原点处被夹紧；$F(t,x)$是用长度单位表示的驱动力；$y(t,x)$是沿梁方向上关于时间的形变。

Galerkin 的分解法被用于解此方程。它基于模态函数或梁的本征模态表达 $y(t,x)$。以下的变量分离也被使用：

$$y(t,x)=\sum_n y_n\varphi_n(x) \tag{2.2}$$

式中，$\varphi_n(x)$是机械本征模态——梁的形状；$y_n(t)$是与时间相关的振动。

函数 $\varphi_n(x)$是下面的方程在本征值的解，并形成一个标准正交基：

$$\frac{\partial^4\varphi_n}{\partial^4 x}=\lambda_n^4\varphi_n \tag{2.3}$$

式中，λ_n是与模态函数$\varphi_n(x)$相关的本征值——线性算子$\frac{\partial^4}{\partial^4 x}$的本征值，该本征函数满足以下归一化条件：

$$\frac{1}{l}\int_0^l\varphi_n(\chi)\cdot\varphi_m(x)\mathrm{d}x=\delta_{mn} \tag{2.4}$$

式中，如果 $m=n$ 则$\delta_{mn}=1$，否则为 0。

通过将机械条件强加到以下通用解的极限上，本征值λ_n和本征模态$\varphi_n(x)$由式（2.3）定义：

$$\varphi_n(x)=A_n\sinh(\lambda_n x)+B_n\cosh(\lambda_n x)+C_n\sin(\lambda_n x)+D_n\cos(\lambda_n x) \tag{2.5}$$

这些极限条件由梁在其末端 $x=0$ 和 $x=l$ 处的保持方式（例如夹紧、拧紧、放置和自由）所定义。以一个悬臂作为例子，其中梁在 $x=0$ 处被固定，在 $x=l$ 处是自由的：

$$\begin{aligned}&y_n(x=0,t)=0 \quad \frac{\partial^2 y_n}{\partial^2 x}(x=l,t)=0\\&\frac{\partial y_n}{\partial x}(x=0,t)=0 \quad \frac{\partial^3 y_n}{\partial^3 x}(x=l,t)=0\end{aligned} \tag{2.6}$$

这些公式在任何被考虑的时刻 t 都是真实的，对于函数$y_n(x,t)$中与时间相关的部分没有任何约束。如果该梁是双锚定（或夹紧），极限条件变成：

$$\begin{aligned}&y_n(x=0,t)=0 \quad y_n(x=l,t)=0\\&\frac{\partial y_n}{\partial x}(x=0,t)=0 \quad \frac{\partial y_n}{\partial x}(x=l,t)=0\end{aligned} \tag{2.7}$$

通过将$y_n(x,t)$的表达式插入到条件式（2.6）中，得到一个线性方程组：

$$
\begin{aligned}
A_n + C_n &= 0 \\
B_n + D_n &= 0 \\
A_n(\sinh(k) - \sin(k)) + B_n(\cosh(k) - \cos(k)) &= 0 \\
A_n(\cosh(k) - \cos(k)) + B_n(\sinh(k) + \sin(k)) &= 0
\end{aligned}
\tag{2.8}
$$

式中，$k=\lambda_n l$。

这一方程组导致所谓的数字确定的超越方程，它可以找出被本征值 λ_n 所采用的值：

$$(\sinh(k) - \sin(k))(\sinh(k) + \sin(k)) - (\cosh(k) - \cos(k))^2 = 0 \tag{2.9}$$

作为例子，通过式（2.9）找到的本征值在表 2.1 中示出。

表 2.1　悬臂和双固定梁的前 4 种模态的本征值

	$\lambda_1 l$	$\lambda_2 l$	$\lambda_3 l$	$\lambda_4 l$
悬臂	1.875	4.694	7.854	10.995
两端夹紧梁	4.73	7.853	10.995	14.14

为了获得归一化模态函数的完整表达式，必须使用式（2.8）计算系数A_n、B_n、C_n和D_n，并利用式（2.4）进行归一化。一个两端夹紧梁的第一模态的形式在图 2.2 中给出。

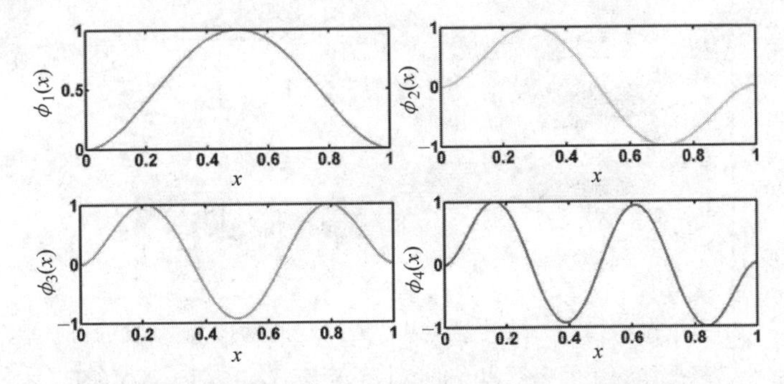

图 2.2　对于两端夹紧梁的前 4 个共振模态，对 x 沿其长度归一化得到的本征模态。节点和腹点的个数随着模态的顺序增加

为了确定谐振本征频率，在没有式（2.1）中第二项 $F(t, x)=0$ 以及没有阻尼系数 b 的情况下对其进行求解。为了做到这一点，该公式中的每一项均通过乘以 $\varphi_n(x)$，并在 0 ~ L 对 x 积分，向模态 n 投射：

$$EI.\, y_n(t), \lambda_n^4 + \rho S \frac{\partial^2 y_n(t)}{\partial^2 t} = 0 \tag{2.10}$$

时间部分是一个形式为$y_n(t)=A\,\mathrm{e}^{-\mathrm{j}\omega_n t}$的正弦函数，其中 ω_n是第 n 个模态的角频率。因此，将式（2.10）在傅里叶域内改写为

$$y_n(t)\,\frac{EI.\, \lambda_n^4}{\rho S} - \omega_n^2 \cdot y_n(t) = 0 \tag{2.11}$$

于是第 n 个模态的共振频率很容易表达为

$$f_n = \frac{\omega_n}{2\pi} = \frac{\lambda_n^2}{2\pi}\sqrt{\frac{EI}{\rho S}} = \frac{\lambda_n^2 \cdot t}{4\pi}\sqrt{\frac{E}{3\rho}} \tag{2.12}$$

通过将本征值插入到后面的公式中，可以说，该共振频率与振动宽度 t 成正比，与长度 l 的二次方成反比（包含在参数 λ_n 中）。在两端夹紧梁中，这些共振本征频率会自然地高于悬臂的值。计算两个连续的频率之间的比值也是很有趣的，计算结果是两个连续的本征值之间的比值的二次方（见表 2.2）。

表 2.2 悬臂和两端夹紧梁的两个连续共振频率的比值

	f_2/f_1	f_3/f_2	f_4/f_3
悬臂	6.27	2.8	1.96
两端夹紧梁	2.76	1.96	1.65

一旦机械基础到位，将定义等效于梁的一维（1D）模型（见图 2.3）对应的传递函数。要做到这一点，需要再次拾起含有第二项（驱动力）的欧拉－伯努利方程。这里将考虑一个沿着梁的垂直方向的正弦力，并通过分离变量将其表达出来：

$$F(x,\ t) = g(x)f(t) = g(x) \cdot F_0 \cdot \mathrm{e}^{-i\omega_d t}$$

式中，$F_0 \cdot g(x)$ 是每单位长度的力密度，$g(x)$ 在 0 ~ 1 变化[⊖]。

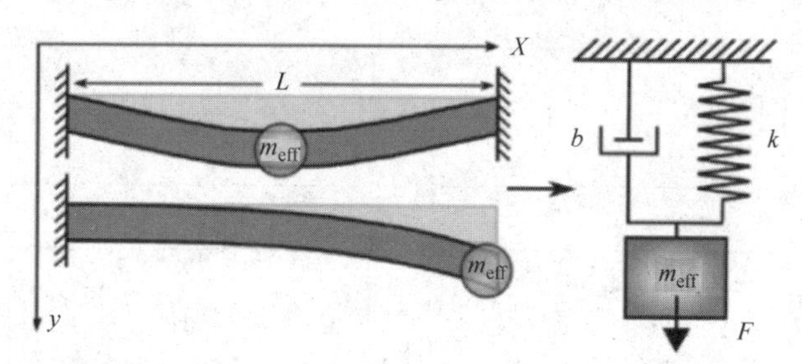

图 2.3 相当于振动梁的一维模型（悬臂或两端夹紧）：在系数 η（或刚度 k）以及本征模态的函数力 F 的表达式中隐含地考虑了极限条件

将式（2.1）投射到第一模态上，以获得一个在其第一谐振模态 f_1 下驱动的频率响应：

$$EI.\,y_1(t) \cdot \lambda_1^4 L + \rho SL\frac{\partial^2 y_1(t)}{\partial^2 t} + bL\frac{\partial y_1(t)}{\partial t} = f(t)\int_0^l \varphi_1(x)g(x)\,\mathrm{d}x \tag{2.13}$$

当 $M = \rho SL$ 和 $\eta = \int_0^l \varphi_1(x)g(x)\,\mathrm{d}x$ 时，得到著名的质量/弹簧/阻尼谐振器方程：

$$\ddot{y}_1(t) + \dot{y}_1(t)\frac{b}{\rho S} + y_1(t)\frac{EI.\,\lambda_n^2}{\rho S} = \frac{f(t)\eta}{M}$$

⊖ 例如，$g(x)$ 是归一化到最大振幅的静电场线（在一个电容驱动过程中）的图像。这个函数考虑了边缘效应。

$$\leftrightarrow \ddot{y}_1 + \frac{\omega_0}{Q}\dot{y}_1 + \omega_0^2 y_1 = \frac{F}{m_{\text{eff}}} \tag{2.14}$$

式中，y 是一个点质量 $m_{\text{eff}} = M/\eta$ 的位移，该点被附连到一个刚度为 $EI \cdot \lambda_1^4$ 的弹簧上。

经过鉴定，可以发现 $b/\rho S = \omega_0/Q$，$EI\,\lambda_1^4/\rho S = \omega_0^2$。$Q$ 是系统的品质因数，也就是存储的机械能和循环中损失的能量的比值。通常情况下，NEMS 在真空中具有 1000～10000 的品质因数，在空气中为 100。

最后，不管考虑的谐振器（两端夹紧梁、悬臂和纳米线）是在平面内还是平面外运动，其动态都可以通过应用在式（2.14）中的傅里叶变换的传递函数所描述：

$$\alpha_{\text{NEMS}}(\omega) = \frac{y_1(\omega)}{F(\omega)} = \frac{1/m_{\text{eff}}}{-\omega^2 + \omega_0^2 + \text{j}\omega\omega_0/Q} \tag{2.15}$$

式（2.15）中的传递函数 $\alpha(\omega)$ 类似于一个洛伦兹，其精细度 $\Delta\omega/\omega_0$ 与品质因数 $Q-\Delta\omega$ 成反比。它被定义为最大振幅 -3dB 的带宽。在谐振时：

$$|\alpha(\omega_0)| = Q/m_{\text{eff}}\omega_0^2$$

$$(\omega_0) = \arg(\alpha(\omega_0)) = -\pi/2$$

$$\frac{\partial\phi}{\partial\omega|\omega_0} \approx -2Q/\omega_0 \tag{2.16}$$

应该提到的是，ω_0 附近的相位的梯度正比于 Q。在需要计算由机械纳米谐振器实现的振荡器的频率噪声时，这一属性将是重要的，如图 2.4 所示。

因为图 2.1 中所示的机械传递函数 α 已经被定义，现在必须找出对应于驱动和检测的传递函数 K_A 和 K_D。

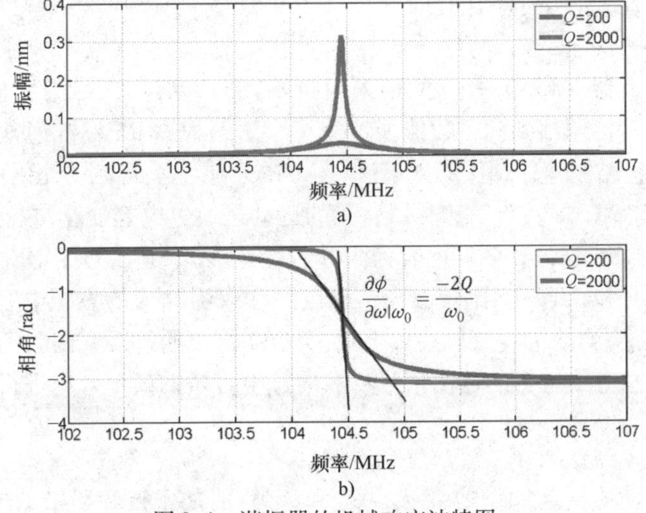

图 2.4　谐振器的机械响应波特图

a）两个品质因数 Q 的振幅（例如真空中为 2000，空气中为 200）　b）谐振频率附近的相以及相位梯度的表达式。本图的彩色版本请参见 www. iste. co. uk/duraffourg/nems. zip

2.2 转导原理

本节将介绍 NEMS 中常用的转导原理。伴随尺寸减小的，有关小型化影响的检测原理将在第 3 章讨论。如何对一个典型振幅在纳米尺度的运动实现有效的电转导呢？表达方式“转导效率”通常与相关的最强可能的连续信号 - 背景比（SBR）和 SNR 一起被耳闻。SNR 是有用信号功率与噪声功率之间的比值。它表征一个给定带宽大小的系统的分辨率。这一重要的概念将在本章结束时进行更详细的讨论。首先，有用的电/电磁信号必须比连续的电背景要高：换句话说，希望 SBR≫1。当测量一个纳米谐振器的振动时，连续的背景这一术语似乎并不合适，因为它实际上是一个射频（RF）信号，其部分来自于激发和检测之间的电耦合——从输出上方被带回的驱动信号。其他来源，例如存在于接地回路或辐射电磁场中的寄生信号，可以对连续的背景有所贡献（见图 2.5）。

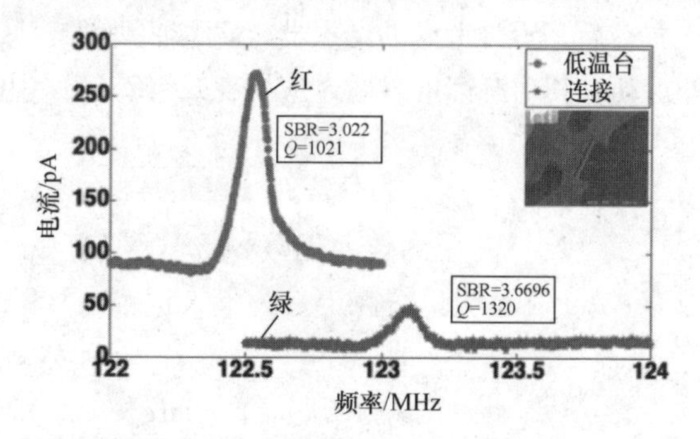

图 2.5 利用压阻检测（插图），比较对相同的谐振硅纳米线在两个不同测量台内获得的谐振信号（在 123MHz）。红：处于真空中的测量台，并在尖端以下；绿：处于真空中的测量台（非常相似的真空），具有通过金线焊接在芯片下的连接。SBR 从 2.5（红）移动到 10（绿），显示出连接对于连续背景和有用信号的影响。本图的彩色版本请参见 www.iste.co.uk/duraffourg/nems.zip

此外，当 NEMS 的输出阻抗与测量仪器——示波器、网络分析器、锁相放大器（LIA）——的输入阻抗不同时，有用信号会明显减少。因此，有必要将两个阻抗调整到同一数值[EKI 02, TRU 07]，根据 RF 标准通常接近 50Ω。为了说明读出电路的输入阻抗对于信号的影响，考虑两个由振动梁构成的 MEMS[POU 03]和 NEMS[DUR 08]传感器，梁的运动是通过电容变化进行检测的（见图 2.6）。对于 MEMS 来说，额定电容为 53fF，变化为 2.5fF。对于 NEMS 来说，这些值分别为 115aF 和 5aF。相比较而言，触点图和仪器输入的累积电容的范围为 1 ~ 100pF，这比待检测的电容变化要大 100 ~ 10000 倍。通过观察图 2.7 中示出的经典读出方案，这些电子电路的输出信号将被通过电容桥的简单效应进行划分：

$$V_{\text{out}} \propto \frac{\delta C}{(C_{\text{fb}} + C_{\text{p}} + C_{\text{gs}} + C_0)} \tag{2.17}$$

式中，δC 是移动梁引起的电容变化；C_{fb} 和 C_{gs} 分别是栅极和漏极的电容；C_{gd}（和其他可能被添加的电容）是电路的第一阶段的栅极/源极；C_0 是 NEMS 的额定电容；C_{p} 是寄生连接电容[COL 09a]。

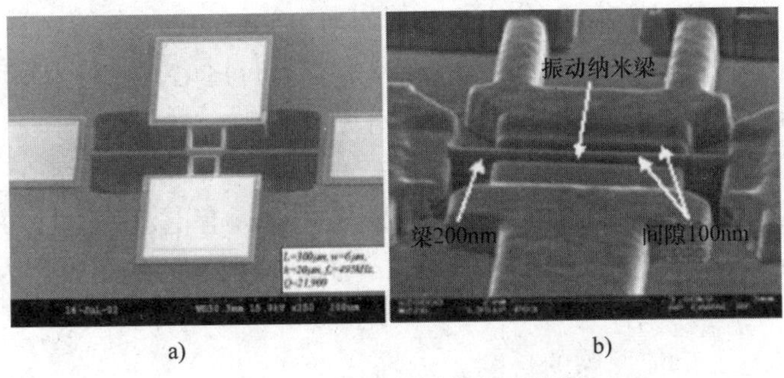

a)　　b)

图2.6　两端夹紧梁的电容检测

a）微米谐振器 $L=60\mu m$，$h=20\mu m$，间隙=200nm（佐治亚理工学院）[POU 03]

b）纳米谐振器 $L=3.2\mu m$，$h=400nm$，间隙=100nm（IEMN－ST－LETI）[DUR 08]

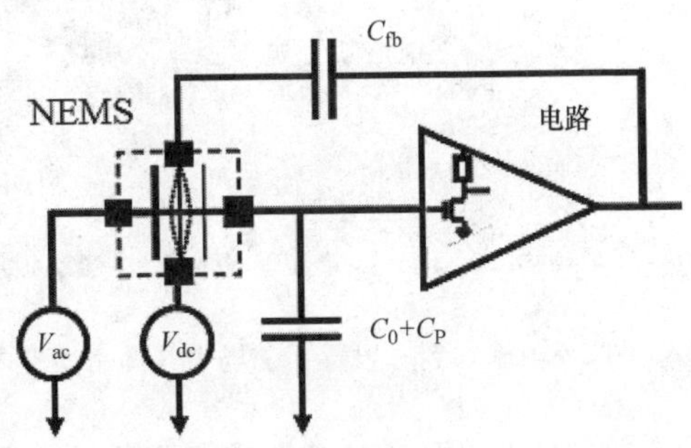

图2.7　具有电容检测的振动梁的电路图

对于一个1V的极化电压，输出电压对于MEMS来说将正比于25μV，对于NEMS来说将正比于50nV。传统上，当使用低噪电子时，当输入处带回的噪声为1nV/√Hz时，连续背景范围在1～10μV。因此，在这种情况下不可能测量NEMS的振动。对于NEMS来说，读出电子的输入阻抗和寄生电容的影响被加剧。使用哪种检测原理这一选择主要取决于测量的环境。

因此，不同的测量策略被实施，从而实现对这种耦合的最小化，并限制信号的减少[EKI 02, BAR 05, SAZ 04, GOU 10, ARC 10]。这些仪器技术将在本节的最后进行更详细的讨论。另一种方法也包括将纳米系统的电子电路组合到一起，以限制寄生阻抗[VER 08, VER 06a, ARC 12, OLL 12]。最有利的方法是把NEMS和它的电子互补金属氧化物半导体（一般是CMOS）在一个芯片上并置：这被称为单片集成，将在第3章讨论。另一个聪明的替代做法是生产一个有源机电元件，如象征性的悬挂栅极MOSFET（SG－MOSFET），这是20世纪60年代生产的第一个MEMS[NAT 67]。当然，其结构已经被改造成适合于现代技术[DUR 08a, KOU 13, GRO 08, ABE 06, BAR 12b, DUR 08b]。

2.2.1　纳米结构的驱动

如MEMS一样，常见的NEMS驱动原理包括静电、压电、磁或热。机械纳米结构还可以通过光学力被驱动。为了做到这一点，机械系统被放置在一个波导附近，光在其中被引导。即使光能被限制在导向件内，波的一小部分将溢出该导向件（倏逝波）。通过将机械结构放置在它的影响区内（几十纳米到几百纳米），该NEMS/MEMS受到一个来自场梯度（E，H）的光学力。静电力以同样的方式派生于电磁能。波导可以是一个简单的引导（例如向右）、一个环形的光学谐振腔[LI 08]或一个光子晶体[SAF 13]。这一话题将在第 4 章中进行讨论，但对于不同的方法和光学机械组件的概述，请参阅文献［THO 10］。

2.2.1.1 磁驱动

磁驱动依赖于拉普拉斯力，该力被施加在一个通有电流 $i(\omega)$，并被放置在一个均匀的磁场 B 中的导体上（见图 2.8）。该力根据公知的法则表达为

$$F(\omega) = i(\omega)LB \tag{2.18}$$

式中，L 是所考虑的电流回路的长度。

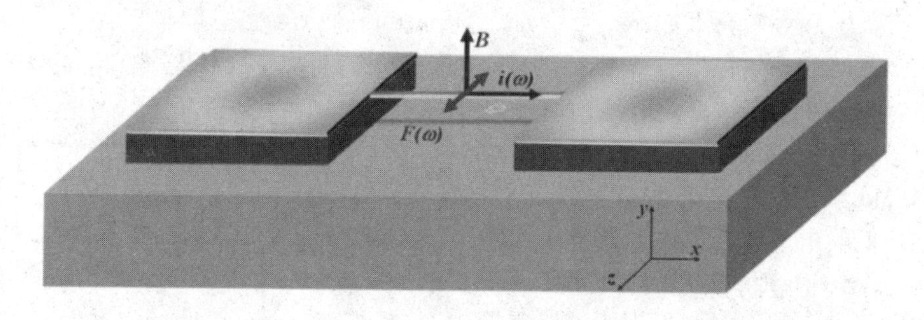

图 2.8 施加到一根置于磁场中并通有交变电流 $i(\omega)$ 的导线上的拉普拉斯力的示意图

拉普拉斯力的表达式可以根据洛伦兹力定义，洛伦兹力是施加到在一个电磁场（E，B）中运动的电荷上的力。

再次考虑一个具有两端夹紧纳米梁的 NEMS。其中心位置上的位移可以方便地利用式（2.15）算出：

$$y(\omega, L/2) = \phi_1(L/2)\frac{i(\omega)B}{m_{\text{eff}}(-\omega^2 + \omega_0^2 + \mathrm{j}\omega\omega_0/Q)} \tag{2.19}$$

位移线性地依赖于磁场 B 和电流 i。当为均匀场时，有效质量 m_{eff} 表达式中 $g(x)=1$［见式（2.13）］，且每单位长度上的力正好是 F/L。

这一驱动是在一个强磁场下实现的，磁场强度通常约为 10T。这要求在一个低温环境下（77K 或更低）使用电磁铁。这对于非常小的 NEMS 来说是一种在高达 1GHz 的频率下被驱动的有效方法，如纳米线[FEN 07, EKI 02, HUS 03]。为了克服执行方面的困难，有可能在 NEMS 附近集成一个纳米磁体。因为该磁体的磁场要弱得多，磁体和 NEMS 之间的距离是 200nm 或更短。该纳米磁体可以由铁磁/反铁磁层交替构成，这种结构被用于产生磁随机存取存储器（MRAM）。铁磁层（畴的磁矩对齐并取向在同一方向上）和反铁磁层（磁矩以反平行的方式对齐）之间的相互作用使获得剩余磁化强度成为可能，并与饱和时大致相等，为 1 ~ 2T。取决于堆叠方式，磁场可以在电流回路的平面内，或是垂直于电流回路。欲了解更多详情，请参阅文献［PAR 03］。这些类型的磁体可以具有小于 1μm 的长度和宽度，厚度约为

100nm。一个通过下方放置的纳米磁体驱动的 NEMS 的例子在图 2.9 中给出。场 B 具有 3 个组成部分：B_x、B_y和B_z。在实践中，只有B_x和B_z能够致动并产生运动。因为 z 方向上的面外运动由场B_x引起，如图 2.9 所示，该组成部分沿着梁并不是均匀的，它取决于变量 y，式（2.19）中给出的计算变得更复杂一些：

$$y(\omega,\ L/2) = \phi_1(L/2)\frac{i(\omega)B_{0x}\int_0^L\phi_1(x)g(y)\,\mathrm{d}y}{m(-\omega^2+\omega_0^2+\mathrm{j}\omega\omega_0/Q)} \tag{2.20}$$

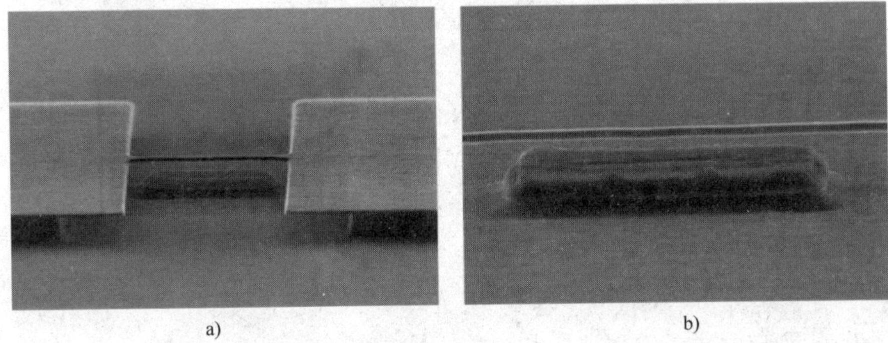

图 2.9　由下方放置的纳米磁体（100nm 的间隙）产生的拉普拉斯力驱动的纳米梁的示例

a）概观：2μm 长、500nm 宽、100nm 厚的铂梁（从电子显微镜获得的图像）

b）磁体的放大图像

方向 x、y 和 z 在图 2.8 中示出。图 2.10 中所选示例中的磁体上方 100nm 处辐射的磁场是 60mT。当观察一个如图 2.9 中所描述的梁这样的装置时，所得到的力 F_z 仍然可以在中心处引起量级在几纳米的共振振幅 $y(\omega_0,\ L/2)$。要了解更多详细信息，请参阅文献［BIL 09］。

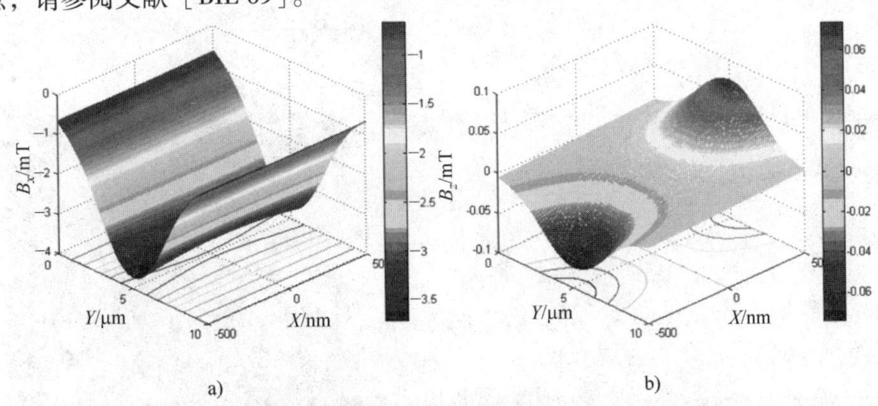

图 2.10　由纳米磁体辐射到位于 100nm 处的梁内的磁场

（本图的彩色版本请参见 www. iste. co. uk/duraffourg/nems. zip）

a）组分B_x　b）组分 B_z

2.2.1.2　静电驱动

静电驱动是将 MEMS 或 NEMS 置于运动之中的普遍做法。这种纯粹的吸引力派生于两个被关注的导电表面之间包含的静电能量。通过观察图 2.11 中给出的符号和轴，每单位长度的力的密度可表示如下：

$$f(t,\ x)=\frac{C'(x,\ t)V_{\mathrm{G}}^{2}(t)}{2}=C_{n}\frac{\varepsilon_{0}tV_{\mathrm{G}}^{2}(t)}{2(d-x)^{2}} \tag{2.21}$$

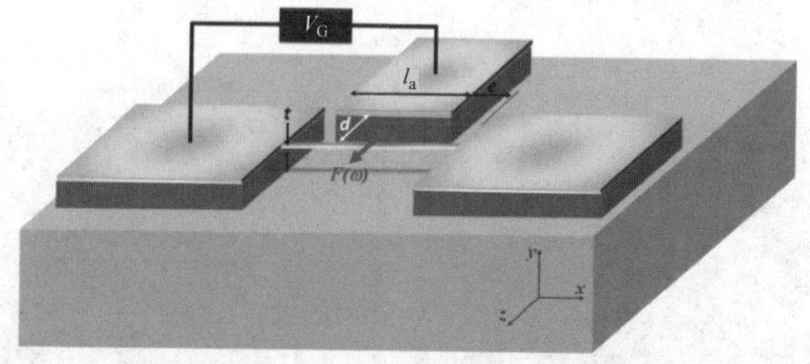

图 2.11　由施加在梁和（栅极）电极之间的电压 V_{G}启动的静电驱动

式中，C'是由电极和梁形成的电容关于 x 的导数；V_{G}是施加到电极上的驱动电压；d 是静电间隙；t 是梁的厚度；C_n是一个估量系数，在 d 相对电极厚度 t 不再可以忽略不计时，它反映出场线的边缘效应。

与简单的电容平面的计算相比，边缘效应趋向于提高实际的电容（见文献［NAK 90］和［LEU 04］）。

通过考虑较小的位移（$x\ll d$），力可以利用$f(t,\ x)\approx C_{n}\dfrac{\varepsilon_{0}SV_{\mathrm{G}}^{2}(t)}{2d^{2}}$被近似为 0，梁中心位置处的位移为［根据式（2.15）］

$$y(\omega,L/2)=\phi_{1}(L/2)\frac{c_{n}\dfrac{\varepsilon_{0}tV_{\mathrm{G}}^{2}(\omega)}{2d^{2}}}{m_{\mathrm{eff}}(-\omega^{2}+\omega_{0}^{2}+\mathrm{j}\omega\omega_{0}/Q)} \tag{2.22}$$

根据电极的宽度l_{a}算出有效质量，也就是$\eta=\int_{e}^{e+l_{\mathrm{a}}}\phi_{n}(x)\mathrm{d}x$。对于小的位移来说，$C_n$被认为是一个恒定值。例如，考虑 3μm 长、80nm 宽（面内振动的振动厚度）、160nm 厚的纳米线（见图 2.12）。静电间隙是 100nm，电极的长度为线长的 80%。力被估算为几纳牛，共振时导致纳米级的位移（$Q\approx1000$）。

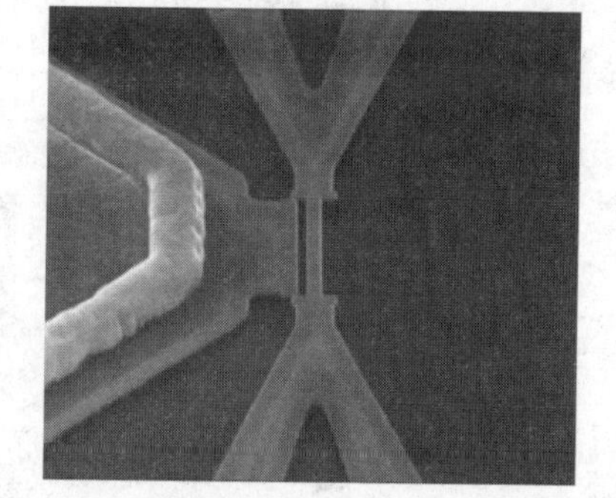

图 2.12　硅纳米线的静电驱动：V_{G}是施加到栅极和纳米线上的驱动电压，纳米线为 3μm 长、80nm 宽、160nm 厚

静电驱动较简单，易于集成，在d^{-2}内变化，这对于减小尺寸是有利的。然而，该方案仍然对寄生电容敏感，这大大地限制了远低于千兆赫的带宽。与此相反，磁驱动则不存在这种限制。

2.2.1.3　热弹性驱动

热弹性驱动是另一种被广泛用于驱动机械微结构的选项。其驱动原理基于两种叠堆在一起的材料在热膨胀系数上的差异，这种组成方式被称为双晶片。当该结构被加热时，两层之间的应力差导致梁发生形变（见图 2.13）。通常来说，双晶片由例如硅制成的梁和上面的金属层构成。因此，加热是通过利用焦耳效应极化金属环实现的。位移 $y(\omega)$ 可以轻易地使用 Timoshenko 积分法算得[TIM 25, HSU 02]。值得指出的是，驱动频率可以达到千兆赫[BAR 07]。事实上，正如前面讨论过的，采用的热时间常数（见表 1.1）在纳秒数量级。

图 2.13　热弹性驱动

a）原理图　b）热弹性驱动下的结构示例：硅悬臂上的一个金属环（金层）使驱动成为可能

这种类型驱动的一个主要问题是存在可能较高的电损耗，特别是对于 NEMS 阵列来说（例如 100×100 的 NEMS）。因此，在某些与质量传感器相关的应用[EKI 04]中，温度的上升可能是导致失效的因素。在这种情况下，过高的温度导致物理吸附在 NEMS 表面上的质量拥有较强的解吸速率[YON 88]，从而阻止测量的发生。

2.2.1.4　压电驱动

驱动 MEMS/NEMS 的最后一个模式是压电式驱动。压电驱动采用特定的介电层，该层在被施加机械约束时发生极化（正压电效应），或在被施加电场时发生形变（逆压电效应）。正压电效应被用于驱动机械元件，逆压电效应被用于检测其运动。在一个典型的介电材料中，材料的极化 P㊀ 随着外电场 E 发生线性变化：$P=\varepsilon_0[\chi]E$，式中 $[\chi]$ 是电介质极化率。材料的极化源于偶极矩的创建，这是由静电力下的电子位移引起的。一方面，存在着依赖于所施加电场频率的电偶极矩。考虑一个放置在振荡电场中占据材料晶格中一个位点的分子。在非常高的频率下（紫外光域内），分子的电子云发生形变（电子共振，类似于一个质量被充电的弹簧-质量系统的共振）。红外线导致分子内核振动，而微波使其旋转。在离子晶体的情况中，除了电子极化，还存在衍生于晶格中电荷的相对位移的离子极化。关于这些机制的详细说明，请参阅文献［KIT 98］。在压电材料中，极化还取决于被施加的机械约束。这种现象是电介质的晶体对称性导致的，只能存在于 32 个晶体结构中的 20 个对称结构中。具有对称中心的结构（中心对称）不是压电的。

㊀ 材料的极化是每单位体积材料的偶极矩（每单位体积微观偶极矩的平均值）。

在 MEMS 技术中，PZT、AsGa 和 AlN 是常用的压电材料。它们的厚度可以在 10nm 到几微米变化，这取决于所研究的偏转和配置技术。对于 NEMS 来说，50nm 或更小的薄层更受青睐[IVA 11]，从而保持系统的纳米尺寸。在图 2.14 给出的示例中，一个金属层（Mo－100nm）/压电层（AlN－50nm）/金属层（Mo－100nm）被放置在一个机械部件上（硅或 SiN 绝缘材料）。悬臂厚度内的电场E_z引起压电层在纵向轴线上的拉伸ε_{xx}，使得$\varepsilon_{xx}=d_{31}E_z$，其中$d_{31}$是横向压电系数（连接电场与约束）。拉伸上的差异导致剪切约束，引起悬臂从顶部到底部发生形变，该形变取决于电场$E_z(\omega)=V_{ac}(\omega)/t_{AlN}$的符号。

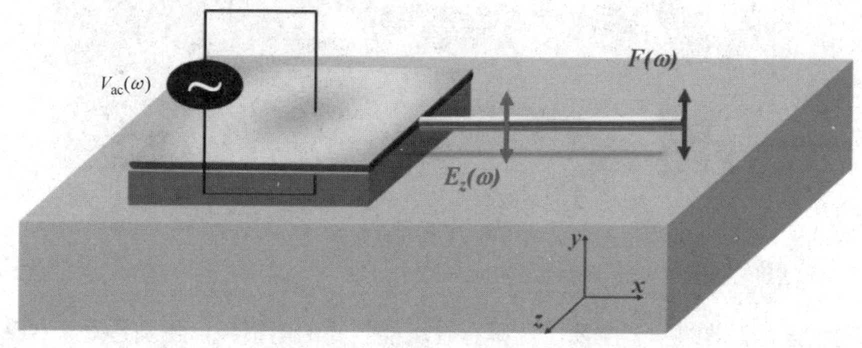

图 2.14 压电驱动——工作原理

偏转到共振的计算与式（2.14）中给出的计算非常相似。尽管如此，驱动不是通过力表达的，而是使用了一个压电力矩 $M(x, t)$，导致弯曲[IVA 11]：

$$\langle EI\rangle_{eq}\frac{\partial^4 y(x,t)}{\partial x^4}+b\frac{\partial y(x,t)}{\partial t}+\rho w\frac{\partial^2 y(x,t)}{\partial t^2}=\frac{\partial^2 M(x,t)}{\partial x^2} \tag{2.23}$$

式中，ρ 是每表面单位的质量密度（不是每体积单位）；w 是悬臂的宽度；$\langle EI\rangle_{eq}$ 是多层结构（金属/AlN/金属/Si）的等效刚度：

$$\langle EI\rangle_{eq}=\sum_i E_i I_i \tag{2.24}$$

通过将式（2.23）投射到第一模态的减少模态基数上[IVA 11]：

$$y(\omega,L/2)=\frac{wL\phi'_1(L)\beta_{piezo}V_{AC}}{m(-\omega^2+\omega_0^2+j\omega\omega_0/Q)} \tag{2.25}$$

式中，β_{piezo}是一个依赖于层的厚度的参数，横向压电系数e_{31}的中性纤维的位置（连接电场和弯曲）；ω_0是形变本征频率，其在式（2.14）中被定义，不过乘积 EI 必须使用其等效对应物$\langle EI\rangle_{eq}$取代；m 是悬臂的总质量。

观察式（2.25），可以看出压电驱动随着驱动电压呈线性变化。驱动的效率主要由系数β_{piezo}决定。还应当指出的是，此类驱动要求使用具有可控内部约束的多层结构。这些约束也可能限制品质因数的数值 Q。

根据所选择的驱动，现在将集中关注用于检测此处所讨论的位移$y(\omega)$的方法。因为测量噪声是由检测元件引起的，检测方法扮演着极其重要的角色。其控制电路依赖于所选择的转导方法，对于输出噪声的水平也有着一定的影响。

2.2.2　检测

一些检测原理类似于 MEMS 中使用的原理，尤其是：

- 磁[FEN 07]；
- 电容[TRU 07]；
- 通过场效应（SG - MOSFET）[NAT 67, DUR 08a, DUR 08c, COL 09b]；
- 压阻[MIL 10, HE 08, KAN 82]；
- 压电[KAR 12]；
- 检测。

更针对 NEMS 的其他检测原理在过去的十年中已经被创建：

- 通过场发射检测[AYA 07, JEN 07]；
- 通过无结晶体管（JLT）检测[KOU 13, BAR 14]；
- 利用共振通道（VB - FET）检测[BAR 12b, BAR 12c, GRO 08]；
- 利用巨压阻效应的压阻检测[HE 08, HE 06, KOU 11]；
- 通过二维电子气体进行的压电检测[TAN 02]；
- 通过与光学微谐振器的倏逝波耦合进行的光学检测⊖[ANE 09, ASP 13]。

要评价一个检测方法的有效性，最简单的方法是写出与其相关的标度律（见图 1.12）。因此，尽管是还原法，但还将遵循这一务实的方法。事实上，没有一种检测技术可以从输出信号的读出电路脱离开（通过反射、与阵列分析器通信、通过外差法等）。换句话说，本章开始介绍的本质特征 SNR 和 SBR，只能在仪器方法被考虑在内时才能被估算。因此，为了考虑从这一标度律的简单读出获得的分析，将从文献中的几个实验案例获得完整的标度律。这些定律还为讨论最常用的工具方法提供了机会。

2.2.2.1　磁性检测

对非常低幅度的运动的第一个检测原理是磁性检测。它基于楞次定律：当一个通有电流的梁在磁场中运动时（如式（2.20）所描述，当梁被拉普拉斯力偏转时发生），在其末端会出现电动电压V_{EMF}：

$$V_{\mathrm{EMF}} = -\frac{\partial \varphi(t)}{\partial t} = -\frac{\partial}{\partial t}\iint \vec{B} \cdot \overrightarrow{dS} \tag{2.26}$$

式中，$\varphi(t)$是在时刻 t 被梁的运动所切割的磁流。

该电压很大程度上取决于所使用的梁的几何形状。对一个均匀磁场使用式（2.19）[FEN 07]：

⊖ 利用机械系统和光学谐振腔耦合的光机械检测最初被开发用于实现在大干涉仪 VIRGO（欧洲）和 LIGO（美国）中检测引力波。请参阅文献［PIN 00］和［COU 01］。这是光学驱动微结构的原理的“逆效应”。

$$V_{\mathrm{EMF}}(t) = -B\int_0^L \phi_1(x)\mathrm{d}x\frac{\mathrm{d}y_1}{\mathrm{d}t} \tag{2.27}$$

使得

$$V_{\mathrm{EMF}}(\omega) = \phi_1(L/2)\frac{\mathrm{j}\omega\int_0^L \phi_1(x)\mathrm{d}xLI(\omega)B^2}{m_{\mathrm{eff}}(-\omega^2+\omega_0^2+\mathrm{j}\omega\omega_0/Q)} \tag{2.28}$$

重新书写式（2.28）可得

$$V_{\mathrm{EMF}}(\omega) = \frac{\mathrm{j}\omega\gamma L^2 I(\omega)B^2}{M_{\mathrm{eff}}(-\omega^2+\omega_0^2+\mathrm{j}\omega\omega_0/Q)} \tag{2.29}$$

式中 $\gamma = \int_0^L \phi_1(x)\mathrm{d}x$；$M_{\mathrm{eff}} = m_{\mathrm{eff}}/\phi_1(L/2)$。当考虑一个两端夹紧梁时，$\gamma=0.81$，$M_{\mathrm{eff}}=0.76m$。与纳米梁的振动相关的输出电压正比于磁场的二次方。

图2.15是文献［FEN 07］中的一个例子。输出信号是磁场的二次函数。在大约8T的强场中，SBR是10dB。考虑式（2.28），并假定电流I与梁的尺寸无关，共振时的磁动检测遵循以下标度律：

$$[V_{\mathrm{EMF}}(\omega)] = \left[\frac{Q\gamma L^2 I(\omega_0)B^2}{M_{\mathrm{eff}}\omega_0}\right] \propto \frac{\alpha^2}{\alpha^3\alpha^{-1}} = 1 \tag{2.30}$$

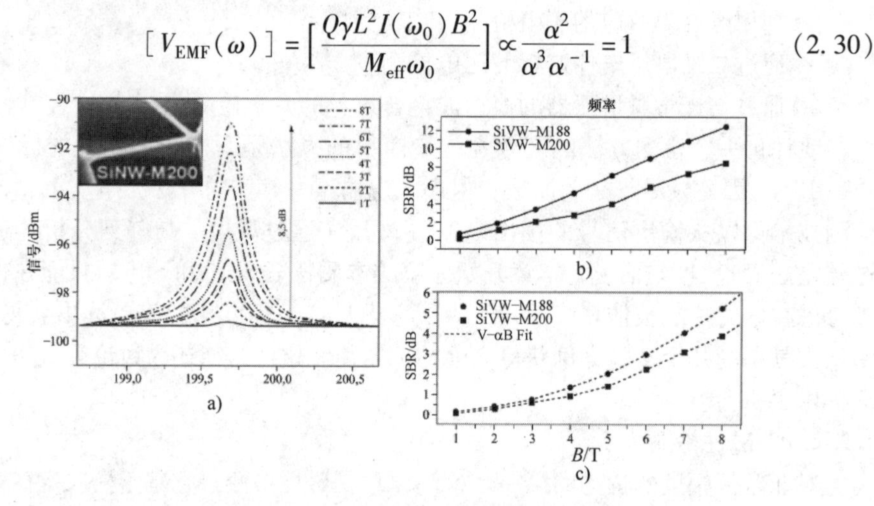

图2.15 纳米线的磁动转导示例（取自文献［FEN 07］）

a）机电响应与频率的关系（利用阵列分析仪测量的发射RF功率） b）SBR与施加的磁场的关系 c）输出电压的二次变化与施加场的关系

原理上，尺寸上的减小对检测并无帮助。然而，这是一种起初被用于超过8T的强磁场的简单有效的检测方法[FEN 07]。

2.2.2.2 电容式检测

电容式检测也是首先被使用的另一种检测方法。信号在寄生电容存在时会迅速降低［见式（2.17）］。考虑图2.11中描述的一个共振时的静电驱动。通过在可变电容的末端施加一个读出电压V_1，输出电压表示为

$$V_{\mathrm{capa}}(\omega)=\frac{V_1\delta C(\omega)}{C_0+C_{\mathrm{p}}}=\frac{V_1C_0}{C_0+C_{\mathrm{p}}}\frac{y(\omega)}{d}=\frac{V_1C_0}{C_0+C_{\mathrm{p}}}\phi_1(L/2)\frac{QC_n\varepsilon_0tV_{\mathrm{G}}^2}{2d^3m_{\mathrm{eff}}\omega_0^2} \tag{2.31}$$

可以看出，输出电压正比于读出电压，并是驱动电压V_{G}的二次函数。标度律可以从式（2.31）得到：

$$[V_{\mathrm{capa}}(\omega)]\propto\alpha^{-2} \tag{2.32}$$

尺寸上的减少似乎大大地有利于将静电驱动和电容检测混合在一起的转导机制。在实践中，电容桥将破坏这一优势，除非尽可能地限制寄生电容C_{p}（策绘电容、互连等）。

具有电容式检测的谐振器可以在一个对应于所谓的动生阻抗（也就是与机械振动$y(\omega)$引起的电流变化i_{m}相关联的阻抗）的等效电路$R_{\mathrm{m}}L_{\mathrm{m}}C_{\mathrm{m}}$上建模[NGU 99]。图2.16是在11MHz下，在一个振动纳米梁上实现的静电驱动和电容式检测的示例。该仪器方法基于由阵列分析器检测到的信号的直接传输读出方案。为了限制电容桥的影响，一个共振频率的阻抗适配电路被置于组件和阵列分析器之间。尽管如此，SBR仍低于1dB，从而显示出该检测在10MHz以上的局限。如在本书后面将要讨论的（见第3章），这需要使用放置在纳米谐振器尽可能近距离处的电路。

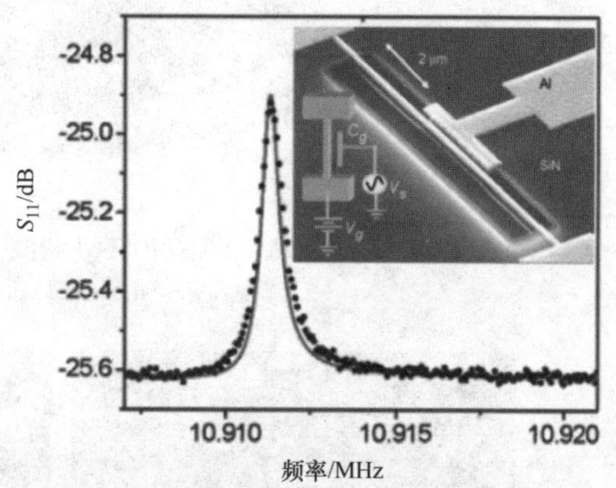

图2.16 SiN纳米梁的静电驱动和电容检测的示例（来自文献［TRU 07］）——机电响应与频率的关系（使用阵列分析仪测量的反射功率）

2.2.2.3 通过晶体管效应实现的检测：SG－MOSFET

最后一个单片集成的是SG－MOSFET组件，它由一个面内的弯曲振动梁（横向）和在板的厚度内的掺杂区内形成的MOS晶体管的源极、沟道和漏极组成。该梁被作为晶体管的栅极使用。栅极电介质由空隙构成，其值随着梁和氧化物的位移而发生变化，如图2.17所示。栅极的弯曲导致信道的静电表面电位发生变化。因此，倒转电荷的量通过SG的机械振荡沿沟道被调制。由此产生的漏电流的变化正比于其运动幅度。事实上，这类检测是由Nathanson发明的[NAT 67]，并在近年来再度兴起[DUR 08b]。

该组件的开发使用了两种不同的技术方法：硅的厚度为400nm的Silicon On Nothing（SON）㊀，或硅的厚度为160nm的绝缘体上硅（Silicon On Insulator，SOI）（见图2.18）。针对SON的技术是由LETI和STMicroelectronics公司合作创造的。在SON和SOI技术中，5nm厚的氧化物被沉积在沟道的一侧。SG由一个独立的MOS-

㊀ “Silicon On Nothing，SON”目前国内尚无规范译法，一般均以SON表示，以译者对该结构的理解，可译为“无绝缘体上硅”。——译者注

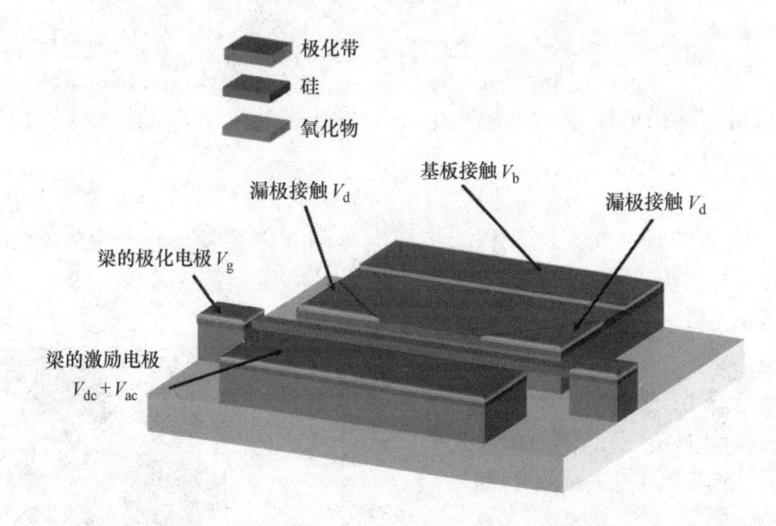

图 2.17 静电驱动和 SG - MOSFET 检测——操作方案。本图的彩色版本请参见 www. iste. co. uk/duraffourg/nems. zip

图 2.18 SG - MOSFET——栅极是可自由移动的悬臂梁（来源：LETI）。本图的彩色版本请参见 www. iste. co. uk/duraffourg/nems. zip

a）SON 技术（厚度 =400nm，栅极长度 =5μm，栅极和沟道之间的间隙 =120nm，沟道的宽度 = 厚度）[COL 09]

b）SOI 技术（厚度 =160nm，栅极长度 =1μm，栅极和沟道之间的间隙 =100nm，沟道的宽度 = 厚度）

FET 电极驱动。静电驱动由电势差（$V_g - V_{dc}$）和正弦电压（交流）V_{ac}设定。为了处于饱和范畴，最大限度地提高输出电流，并且在梁的运动中具有尽可能大的灵敏度，晶体管的工作点由电压V_g和V_d调节。为了帮助理解，施加的电压在图 2.17 中的三维图中进行了描述。

如果想挑战一下，组件的物理模型在文献［DUR 08a］中进行了描述。该模型的理论结果被与从 SG - MOSFET 器件测量的结果[DUR 08b]进行了比较：针对纯电容设备（见图 2.6b）的试验㊀和理论参数S_{12}在图 2.19 中给出，针对 SG - MOS-

㊀ S_{12}是以分贝表示的输出功率与 RF 输入功率的比值。

FET 设备的参数在图 2.18a 中给出。参数S_{12}由一个阵列分析仪测得。对于 SG - MOSFET 来说，连续 SBR（来自分析仪）是 8dB，与此相比，经典的电容式检测结果为 2dB，显示出有源 SG - MOSFET 检测的细微改善。在原理上，这些检测模式非常相似。事实上，MOSFET 呈现的优势，或它的跨导g_m，是由根据梁的振动而变化的表面电势控制的。鉴于该电势取决于振动梁和沟道之间的电容变化，该标度律保持不变。在实践中，需要在设定机械部件振动的操作点和设定跨导的操作点之间找到一个平衡。然而，很难找到一个具有强机械响应的最佳电压和一个强电响应的最佳电压，因为它们往往相距甚远。

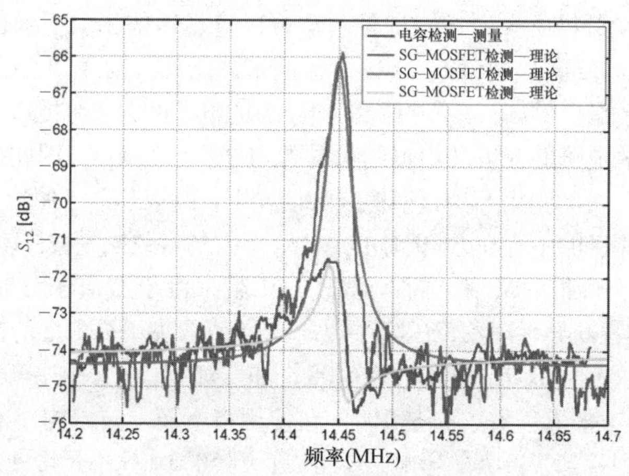

图 2.19　参数S_{12}——SG - MOSFET 和相同尺寸的电容 NEMS 的理论结果之间的比较，以及来自实验的测量结果。本图的彩色版本请参见 www. iste. co. uk/duraffourg/nems. zip

2.2.2.4　压阻式检测

一个很重要的检测原理是基于压阻效应的。压阻材料的电阻根据力学约束[㊀]而发生变化［见式（2.33）］。这个特性被广泛地用于 MEMS 技术中的压力传感器。作为约束测量仪器使用的压阻部件位于膜的锚固处，该膜因压力而形变。压阻元件可以是一个金属层或表面掺杂的硅。具有所谓的“压电金属”检测的 NEMS 在文献［LI 07］中被描述。它们具有低噪的优点（热噪声非常低），但其响应比较弱：应变系数［见式（2.33）］只有几个单位。

当考虑图 2.20 中给出的符号时，相对电阻变化 $\Delta R/R$ 被表示如下：

$$\frac{\Delta R}{R}=\pi_{\sigma_{\mathrm{L}}}+\frac{\Delta L}{L}(1+2\nu)=[(E\pi_{\mathrm{L}})+(1+2\nu)]\frac{\Delta L}{L}=G\varepsilon_{\mathrm{L}} \tag{2.33}$$

式中，σ_{L}是施加的轴向约束；π_{L}是联系电阻变化和约束的轴向压阻系数（Pa^{-1}）；ν 是泊松系数；G 是连接相对电阻变化和延伸率的应变系数（无单位）。

其表达式包含一个通过泊松系数指出横截面积变化的纯几何项和一个材料的特

㊀　传统上，这种约束是轴向的。

征项，也就是系数π_L。对于金属来说，几何项中的 G 减少，这对它们较低的应变系数进行了解释。

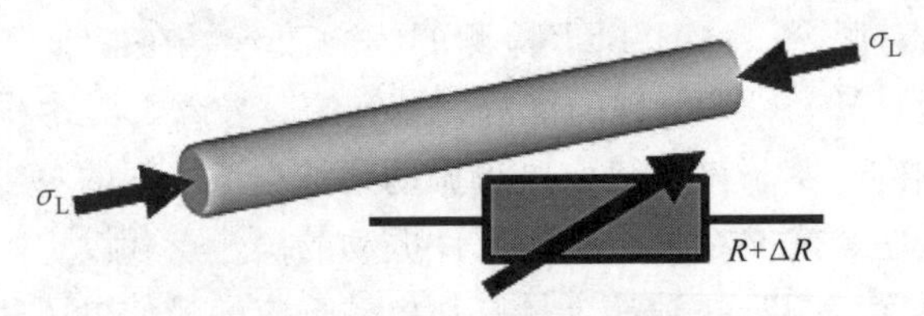

图 2.20　由轴向力约束的线的示意图（机械应力和压缩）

在半导体中，材料项π_L占主导地位。这可以直观地解释如下：任何施加到硅上的约束都破坏了晶体的立方对称，这改变了能带的结构。对于 N 型掺杂硅，这改变了导带中的电子数量。例如，具有有效纵向质量的电子的数量可能减少，这有利于具有有效横向质量的电子的数量（根据约束的方向这会反过来）。因此，硅的电导率根据所施加的约束而发生变化。在 P 型掺杂的情况中，约束趋向于使价带形变，并提高特别是第一布里渊区的中心在 $k=0$ 时的退化。空穴的有效质量被修改。换句话说，P 型硅的压阻来源于价带的形变，而 N 型硅的压阻来源于载流子分布的改变（见图 2.21）。这是一种各向异性现象，压阻系数π_L的数值取决于被考虑的晶轴。欲了解更多信息，请参阅文献［BAR 09］、［RIC 08］和［HER 54］。在一个宏观硅晶体中，对晶体取向 <100> 来说，系数 G 是 100。在使用自下而上技术构建的纳米线和 P 型掺杂的情况中，观察到了巨大的影响，G 可以达到 5000。这一尺度效应只在 P 型掺杂的情况中被观察到。本书将在第 4 章再次讨论这一现象。

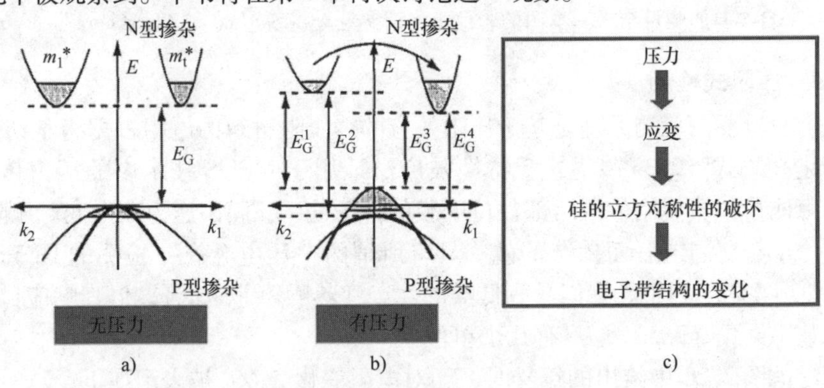

图 2.21　硅中压阻效应的直观解释

a）无约束时硅带结构的绘图　b）约束下带的形变　c）硅中压阻效应的直观解释

观察图 2.11，它描述了一个通过静电力驱动的两端夹紧纳米梁（或纳米线）。想象一下引起的运动被利用压阻效应进行检测。当位移足够大时，梁的弯曲产生一个轴向的约束，导致其电阻发生变化。现在将返回到欧拉－伯努利方程［式(2.1)］，它决定了梁的弯曲运动，此外考虑了非线性约束项：

$$EI\frac{\partial^4 y(x,t)}{\partial x^4}-\left(\sigma S+\frac{ES}{2L}\int_0^L\left(\frac{\partial y(\xi)}{\partial \xi}\right)^2\mathrm{d}\xi\right)\frac{\partial^2 y(x,t)}{\partial x^2}+b\frac{\partial y(x,t)}{\partial t}+\rho S\frac{\partial^2 y(x,t)}{\partial t^2}=F(x,t) \tag{2.34}$$

使用以下限制条件：$\begin{cases} y(0)=0\\ y'(0)=0\\ y(L)=0\\ y'(L)=0\end{cases}$

σ 是一个潜在的轴向约束（例如硅中的初始约束），括号中的第二项对应于人们感兴趣的运动引起的轴向约束。其他项已经在式（2.1）中被定义。式（2.34）中描述的约束 $\frac{E}{2L}\int_0^L\left(\frac{\partial y(\xi)}{\partial \xi}\right)^2\mathrm{d}\xi$ 是压阻效应导致的电阻变化 ΔR 的起源。结合式（2.33），将其变为

$$\frac{\Delta R}{R}=G\frac{\Delta L}{L}=\frac{G}{2L}\int_0^L\left(\frac{\partial y(\xi)}{\partial \xi}\right)^2\mathrm{d}\xi \tag{2.35}$$

通过考虑第一本征模的近似形式 [POS 05] $\phi_1(x)=\sqrt{\frac{2}{3}}\left(1-\cos\left(\frac{2\pi x}{L}\right)\right)$，可以利用 y 在这个本征模的投射［式（2.2）］表达约束项 $\int_0^L\left(\frac{\partial y(\xi)}{\partial \xi}\right)^2\mathrm{d}\xi$，从而找到相对电阻变化（$\Delta R/R$）的一个解析表达式：

$$\frac{\Delta R}{R}=G\frac{2\pi^2}{3\phi_1^2\left(\frac{L}{2}\right)}\left(\frac{y}{L}\right)^2=G\frac{\pi^2}{4}\left(\frac{y}{L}\right)^2 \tag{2.36}$$

值得提醒的是，y 是中心处的振幅，使得 $y(\omega)=y\left(\frac{L}{2},\omega\right)=y_1(\omega)\phi\left(\frac{L}{2}\right)$。电阻变化根据梁的位移的二次方发生变化，因此这是一个二次效应。

为了说明，将参考文献［KOU 13］，形容对一个由静电力驱动的硅纳米线的高频（HF）振动的压阻检测。该线直径为30nm，长度为1.5μm。驱动电极和线之间的距离为80nm（见图2.22）。

这个例子还可以说明一个被称为“下混频（down - mixing）”的测量方案。该经典外差法使得能够同时读取来自振动的HF信号的低频表示，并消除连续的背景（见图2.23）。之前，了解到位移与驱动电压V_G的二次方成正比［式（2.31）］。在本书考虑的情况中，纳米线是由一个电压V_{DS}极化，由一个电压V_G驱动，V_G是一个连续分量V_{DC}和一个正弦分量$V_{AC}(\omega)$的总和。因此，“机电”电流I_{DS}可以写为

$$I_{DS}(\omega)=\frac{V_{DS}}{R(\omega)}=G\frac{V_{DS}}{R_0}\frac{\pi^2}{4L^2}\varphi_1^2(L/2)\left[\frac{c_n\frac{\epsilon_0 tV_{DC}V_{AC}(\omega)}{d^2}}{m_{\mathrm{eff}}(-\omega^2+\omega_0^2+\mathrm{j}\omega\omega_0/Q)}\right]^2 \tag{2.37}$$

让$I_{DS}\propto V_{DS}(\omega-\Delta\omega)\times V_{AC}^2(\omega)$。$R_0$是线的标称阻值。电流随$V_{AC}$的二次方变

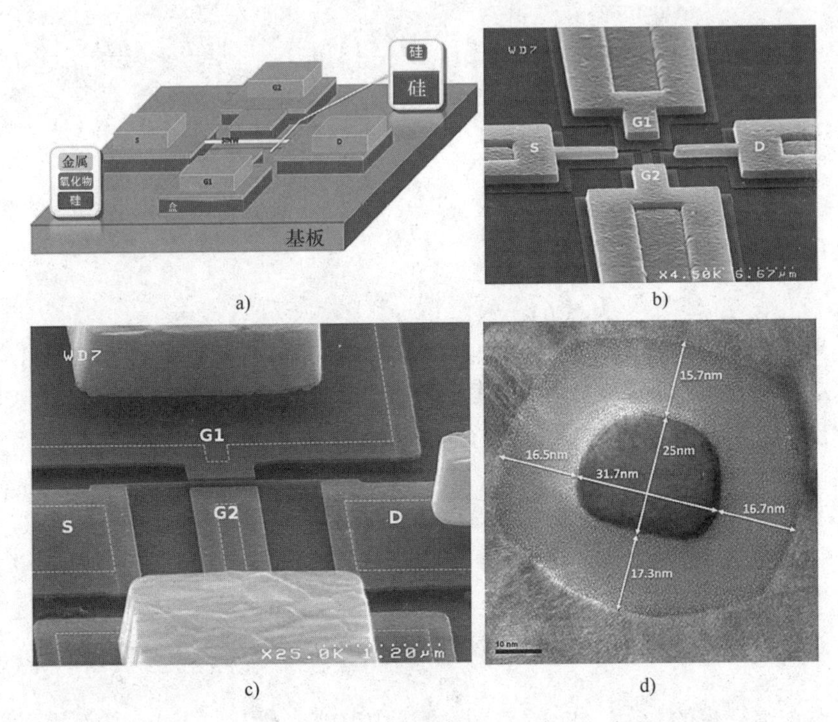

a) b) c) d)

图 2.22 长 1.5μm，直径为 30nm 的硅纳米线。本图的彩色版本请参见 www. iste. co. uk/duraffourg/nems. zip

a）描述层堆叠的三维方案（灰色：硅；红色：氧化物；黄色：金属） b）通过扫描电子显微镜（SEM）看到的整个系统的视图 c）纳米线的放大图像 d）通过透射电子显微镜（TEM）看到的纳米线的横截面图

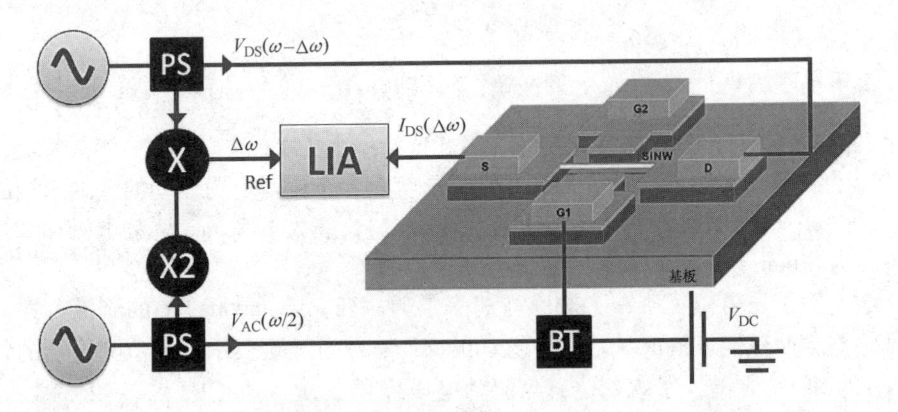

图 2.23 面向高频振动纳米线的，被称为“下混频”的外差读出方案：V_{DS}是读出电压，其频率在以ω_0为中心的间隔 $\omega \pm \Delta\omega$ 处变化；V_{AC}是驱动信号，其频率在 $\omega/2$ 附近变化。该纳米线的行为类似于 RF 混频器［式（2.37）］，输出电流I_{DS}在频率 $\Delta\omega$ 处发生变化，并将由锁相放大器（LIA）检测。BT 代表“Bias tee”（T 型偏置器）：该元件使得交流电压能够被加到直流电压上

化，驱动频率被设定为$\omega_0/2$。在发生机械共振时，峰值电流I_{DS0}减小到

$$I_{\mathrm{DS0}}(\omega_0)=G\frac{\pi^2}{4L^2}\frac{Q^2C_n^2\varepsilon_0^2t^2\varphi_1^2(L/2)}{m_{\mathrm{eff}}^2\omega_0^4d^4}\frac{V_{\mathrm{DS0}}V_{\mathrm{DC}}^2V_{\mathrm{AC0}}^2}{R_0}\tag{2.38}$$

式中，V_{AC0}是峰值驱动电压；V_{DS0}是峰值读出电压。

“下混频”外差技术包括调制频率在 $\omega\pm\Delta\omega$ 下的读出信号V_{DS}，以及调制频率在 $\omega/2$ 中心位于$\omega_0/2$ 的激励信号（见图 2. 23）。式（2. 37）表明，输出电流将因此具有一个由高次谐波伴随的分量 $\Delta\omega$。为了只保存低频成分 $\Delta\omega$，该输出电流被利用能够实现同步检测的 LIA 进行检测[⊖]。为了重构机电响应 HF，激励频率被在中心为$\omega_0/2$ 的一段间隔上进行了扫描。读出信号被与激励信号同步，以便在扫描过程中具有一个恒定偏离 $\Delta\omega$ 的读出频率。共振电流的峰值在式（2. 38）中给出。一套依赖于频率 ω 和峰值激励电压的机电响应在图 2. 24a 中示出。品质因数为700。图 2. 24b 示出了一个依赖于V_{AC}的二次行为。通过考虑一个 236 的应变系数 G，理论电流利用式（2. 38）计算得到。图 2. 22 中示出的线的标称电阻为 1. 2MΩ。在这个例子中，对于$V_{\mathrm{AC}}=100\mathrm{mV}$、$V_{\mathrm{DS}}=70\mathrm{mV}$ 和$V_{\mathrm{DC}}=300\mathrm{mV}$ 之间的相互作用来说，当位移 y 大约为 1nm 时，轴向约束约为 120kPa。如图 2. 24 所示，这导致信号背景比为 5dB，这是相当低的，因为在这里使用的影响是二阶的。

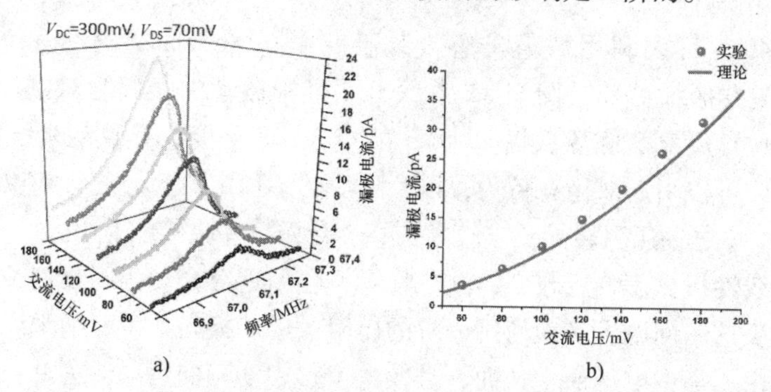

图 2. 24　“下混频”检测方案中，通过压阻检测获得的硅纳米线的机电响应。本图的彩色版本请参见 www. iste. co. uk/duraffourg/nems. zip

a）响应与频率和驱动电压V_{AC}的关系　b）输出谐振频率的二次近似与电压V_{AC}的关系

根据式（2. 38），标度律为

$$I_{\mathrm{DS0}}(\omega_0)\propto\alpha^{-5}\tag{2.39}$$

尺度效应对于这一转导来说似乎极为有利。然而，该纳米线迅速达到一个非线性机械达芬（Duffing）机制[NAY 04]，包含在式（2. 1）的约束项 $\frac{E}{2L}\int_0^L\left(\frac{\partial y(\xi)}{\partial\xi}\right)^2\mathrm{d}\xi$

⊖　$\Delta\omega$ 的范围为 10～100kHz（与共振频率相比，远高于 10MHz）。

内。临界振幅A_c可以利用公式$A_c = 1685\dfrac{t}{\sqrt{Q}}$[KAC 09]进行粗略的估算，高于此值时信号变成非线性。对一个25nm的振动厚度t，考虑品质因数为700，之上为非线性行为的极限是1nm。超过该振幅，机械刚度不再是恒定的，而是取决于位移。线越窄，这一效应出现得越快。

现在将更具体地讨论达芬机械非线性。来自机械学或机电学的其他非线性行为有很多[LIF 08]，这里拾起欧拉－伯努利方程［式（2.34）］，并使用本章开始所描述的相同的方法将这一方程投影在基础$\varphi_1(x)$上。得到一个与式（2.14）类似大小的公式：

$$\ddot{y}_1 + \omega_1^2 y_1 + k_d y_1^3 + \frac{\omega_1}{Q}\dot{y}_1 = f_1 \tag{2.40}$$

式中，ω_1是角本征频率（$\mathrm{rad \cdot s^{-1}}$）；$k_d$是达芬系数（$\mathrm{N \cdot m^{-3}}$）。

计算得到如下表达式：

$$\begin{aligned} \omega_1 &= \lambda_1^2\sqrt{\frac{EI}{\rho S}\left(1+\frac{L^2\sigma}{4\pi^2 EI}\right)} \\ k_d &= \frac{ES}{2L}\left(\int_0^L\left(\frac{\partial\varphi_1(x)}{\partial x}\right)^2 \mathrm{d}x\right)^2 = \frac{E(2\pi)^4}{18\rho L^4} \end{aligned} \tag{2.41}$$

式（2.40）可以利用数值求解。对于一个2.5μm的纳米线和一个（40×40）$\mathrm{nm^2}$的正方形横截面，图2.25中示出了机械振动的振幅与激励频率的关系。对于较大的位移（高于临界振幅），频率响应在HF形变，导致纳米线机械刚度增加。这一效应可以引起双稳态行为，以及随后的不稳定行为，通常来说这些是不希望得到的㊀。总之，压阻转导要求较大位移，导致一个非空二阶信号，其效率将在本质上被非线性机械影响所限制，这在临界振幅附近对振动幅度强加了限制。

为了解决这一问题，必须使用一阶的压阻效应。换句话说，纳米线横截面的约束必须直接由压缩或电压产生，而不是较大位移中的弯曲运动。为此，CEA－LETI基于杠杆臂效应，提出了一个被称为“X梁”或“横梁”的设计[MIL 10]。该X梁的彩色图像在图2.26中示出。被置于一根梁的两端，距离锚定不远的两根纳米线被作为压阻约束测量仪器使用。其工作原理如下：纳米悬臂的位移产生纳米线的牵引/压缩力，该力通过一个机械放大系数（杠杆臂效应）正比于驱动力。线横截面上引起的约束将因此通过压阻效应导致电阻上的变化。

施加到纳米量规上的力表达如下[MIL 10]：

$$F_G(\omega) = \Gamma\frac{\omega_0^2}{\omega_0^2 - \omega^2 + \mathrm{j}\omega\omega_0/Q}F_{el}(\omega) \tag{2.42}$$

㊀ 一些研究组已经研究使两种非线性效应竞争（一个为硬化，另一个为软化），以提高临界振幅的值[KAC 09]。

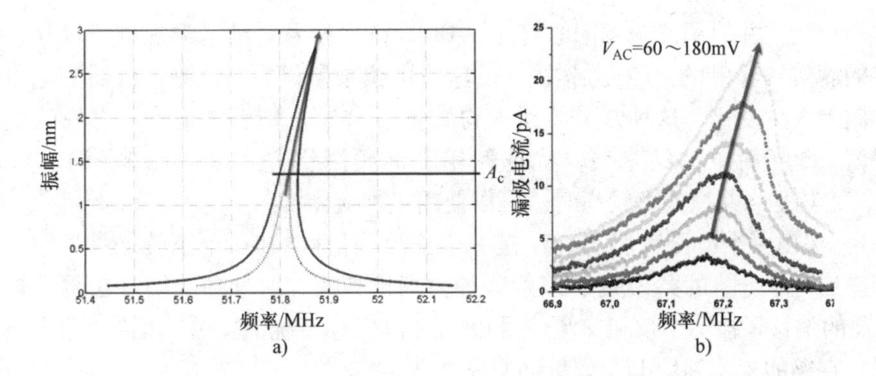

图2.25　通过静电驱动引起共振的硅纳米线的偏转与频率的关系。本图的彩色版本请参见 www. iste. co. uk/duraffourg/nems. zip

a）机械振动幅度：（虚线）临界振幅下的线性动态和（实线）具有硬化达芬效应（3阶）的非线性动态将谐振峰向高频形变　b）实验案例：在静电力引起振动的纳米线上检测到的机电电流

图2.26　显示横梁的SEM彩色图像。悬臂（黄色）宽300nm，长5μm。收集约束信息的侧面压阻计（左侧为红色，右侧为绿色）宽80nm，长500nm。该系统厚160nm。F_{el}是静电驱动力，F_G是测量仪器内产生的力（硅为$10^{19}cm^{-3}$ P型掺杂）。本图的彩色版本请参见 www. iste. co. uk/duraffourg/nems. zip

式中，Γ是杆臂导致的放大系数。

如果梁是完全刚性的且具有一个旋转点（而不是固定的），该系数将是旋转点和梁的重心之间距离与同一旋转点和测量仪器之间距离的比值。测量仪器内的约束为F_G/s，其中s是其横截面积。电阻变化ΔR可以利用驱动力表示：

$$\frac{\Delta R(\omega)}{R}=G\frac{F_G(\omega)}{2\cdot s\cdot E}\propto y_1(\omega) \tag{2.43}$$

电阻变化直接正比于位移［见式（2.15）］。因此，不像之前使用了二阶效应的情况，这是一个一阶效应。从而可以预见到更高的转导效率。此外，在本质上该悬臂在一个较大的位移范围内具有线性行为，与两端夹紧纳米线相比，能够在测量仪器内实现更强的约束。为了获得NEMS的频率响应，可以通过在梁的共振附近静电驱动该梁，并使用两个不同的直流（DC）读出信号对纳米量规进行极化，进行直接的测量（零差的）。在梁锚固处的输出电位被测得。因为测量仪器的电阻在相反方向上发生变化，这种差分测量使得背景（共模）能够被消除，有用的信号得以保留。至于简单的纳米线，优选使用下混频测量方案（见图 2.23），以改善 SBR，尤其是当共振频率较高时。可以使用 4 种变体：

1）梁由一个电压V_G驱动，V_G是一个连续分量V_{DC}和一个正弦分量$V_{AC}(\omega)$的总和。后一个分量的共振频率ω_0两侧的频率被扫描。纳米测量仪器在激励频率处以 $\Delta\omega$ 的偏移量被两个反相交流信号极化（以保存系统的差分特征）。输出电压$V_s(\Delta\omega)$在梁的末端利用 LIA 测量（见图 2.27a）。

2）梁由一个频率为 $\omega \pm \Delta\omega$ 的交流电压驱动，来自纳米测量仪器的电压由 LIA 通过一个差分放大器测得。在这种情况下，对人们有利的来自 LIA 的低噪声放大器被使用，实现差分，并降低噪声水平（见图 2.27b）。

3）和 4）梁被频率为 $\omega/2$ 的交流信号驱动。因为静电力与电压之间遵循二次方定律［见式（2.22）］，力将在驱动频率 ω 的两倍处发生变化（见图 2.27c 和 d）。经常地，差分驱动被实现，其目的是消除共模（这导致背景），这是由驱动电极和振动梁之间存在的电容引起的（见图 2.27）。欲了解更多信息，请参阅文献［ARC 10］。输出电压与相对电阻变化的关系可以表达为

$$V_s(\Delta\omega) \propto \frac{V_{Bias}(\omega)\Delta R(\omega-\Delta\omega)}{R} \tag{2.44}$$

对于具有连续分量$V_{DC}+V_{AC0}\cos(\omega t)$的驱动：

$$V_s(\Delta\omega) \propto \frac{QG\Gamma V_{Bias0}V_{DC}V_{AC0}}{2 \cdot s \cdot E} \tag{2.45}$$

对于具有连续分量$V_{AC0}\cos(\omega t/2)$的驱动：

$$V_s(\Delta\omega) \propto \frac{QG\Gamma V_{Bias0}V_{AC0}^2}{2 \cdot s \cdot E} \tag{2.46}$$

式中，V_{Bias0}是峰值读出电压。

输出电压正比于偏置电压，取决于考虑的驱动类型，呈线性或二次方变化。

图 2.28 示出一个非常小的 NEMS（梁：$L=1.2\mu m$，$w=100nm$，$t=25nm$；测量仪器：$l=100nm$，$s=25nm\times25nm$）的典型共振，由读出图 4（见图 2.27d）测量。额定电阻 R 是 1.2MΩ。对于$V_{Bias0}=1.1V$、$V_{AC0}=0.8V$ 和$V_{DC}=0.3V$，位移幅度估计在 10nm，对应于 1MPa 在纳米测量仪器的横截面积 s 内引起的平均约束（也就是比两端夹紧纳米线高一个数量级）。在这些条件下，SBR 为 39dB。这一优异的 SBR 也可以通过驱动和差分检测使背景被大大地减少来解释。这个例子表明，除了转导效率，测量方案也一定要慎重选择。

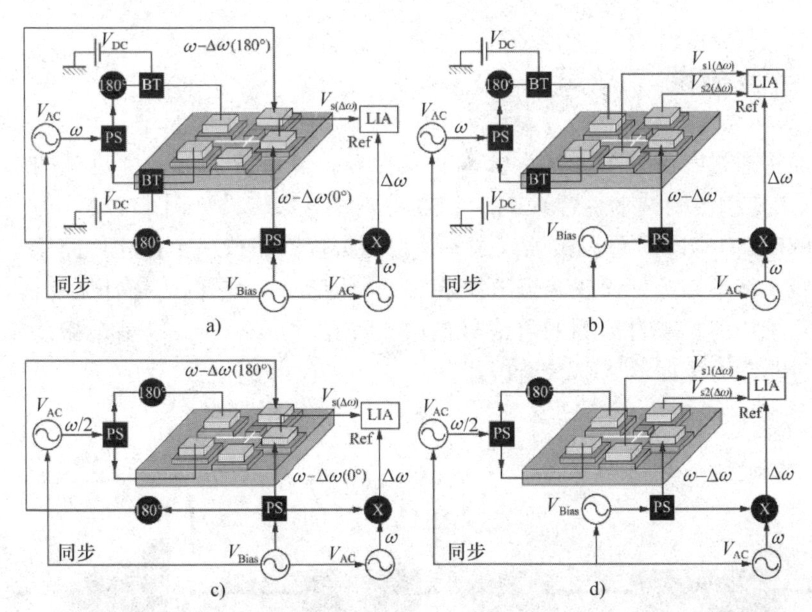

图2.27 在高频 ω 下振动的X梁的外差读出图（LIA：锁相放大器，PS：功率分配器，符号“X”：混合器，符号“180°”：180°相移；V_{DS}是频率在 $\omega\pm\Delta\omega$ 处变化的读出电压；输出电压V_s在频率 $\Delta\omega$ 处发生变化，并将被LIA检测到。值得注意的是，在所有情况下，驱动发生时两个极化电极处于反相。这样做时，驱动是差分的，使得电极和纳米梁之间的耦合电容被消除，该电容导致不良背景

a）V_{AC}驱动信号的频率被设定为 ω。通过获取梁的锚固处的输出信号进行差分测量

b）V_{AC}驱动信号的频率被设定为 ω。通过使用LIA的差分放大器进行差分测量

c）V_{AC}驱动信号的频率被设定为 $\omega/2$。通过获取梁的锚固处的输出信号进行差分测量

d）V_{AC}驱动信号的频率被设定为 $\omega/2$。通过获取梁的锚固处的输出信号进行差分测量

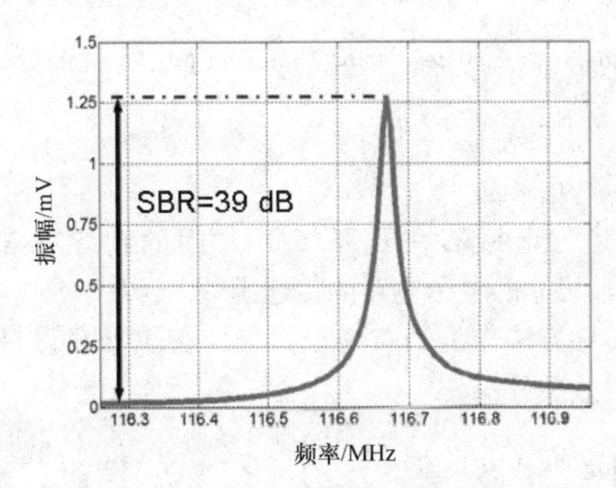

图2.28 典型的机电响应：在共振频率 ω_0 两侧扫描的输出电压 V_s 与驱动频率 ω 的关系

在结束本章前，需要确定检测噪声，并在一个回路系统中使用频率传感器时，需要确定它们对于频率传感器的分辨率的影响。

2.3 自激振荡与噪声

下面将通过考虑一个振荡系统来研究噪声，该系统包括一个机械纳米谐振器（例如图1.8示出的纳米悬臂）或一个两端夹紧纳米线（见图1.12）。为了实施这种类型的回路，NEMS可以被插入到一个自激振荡回路或一个锁相回路中。此架构不太直观，将不在此处详述。至于振荡器的所有类别，它们的拓扑服从图2.29中给出的系统描述。来自检测的电信号被放大和相移（π/2），以满足振荡条件，并最后通过驱动力返回给NEMS谐振器。

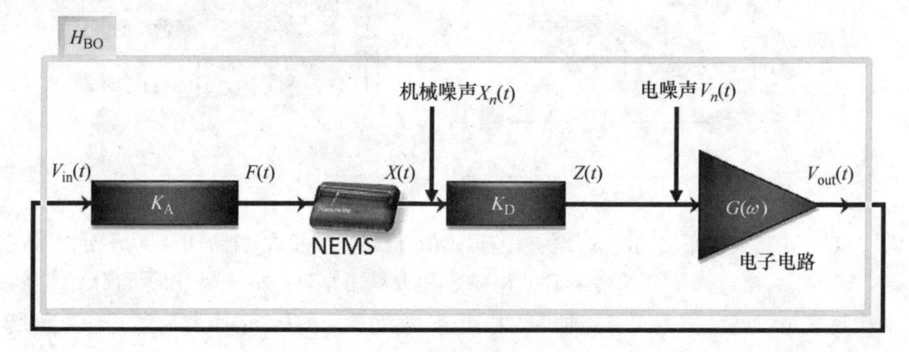

图2.29 闭环电子读取器的操作方案。*NEMS*与图2.1中描述的传递函数（线性假设）一起示出。这里的区别在于电子电路输出对*NEMS*的激励的环回，如果遇到巴克豪森（Barkhausen）条件（见后面文中所述），将从而形成一个自振荡回路

电子电路必须满足的被称为巴克豪森条件的振荡条件如下：

$$H_{B0}(j\omega_0)=\frac{V_{out}}{V_{in}}(j\omega_0)=K_A(j\omega_0)\alpha(j\omega_0)K_D(j\omega_0)G(j\omega_0)=1$$

$$\Rightarrow\begin{cases}\|H_{B0}(j\omega_0)\|=1\\ \arg(H_{B0}(j\omega_0))=0\end{cases}\tag{2.47}$$

式中，H_{B0}（$j\omega_0$）是与谐振器在开环（OL）中的转导方法相关的传递函数；$G(j\omega_0)$是即将被调整尺寸的电子电路的传递函数。

此外，通过将转导方法作为增益考虑，得到在ω_0处获得自我维持振荡时电路必须满足的相位和增益条件：

$$\begin{cases}\|H_{B0}(j\omega_0)\|=1\\ \arg(H_{B0}(j\omega_0))=0\end{cases}\Leftrightarrow\begin{cases}\|G(j\omega_0)\|=\dfrac{m_{eff}\omega_0^2}{K_DK_AQ}\\ \arg(G(j\omega_0))=-90°\end{cases}\tag{2.48}$$

因此，为了获得自我维持振荡（通过抗衡损失），在保证足够的增益时，反应电子电路必须将电信号从检测相移-90°。

振荡器的特点是相位噪声，这导致在其中心频率ω_0附近频率标准偏差σ_ω发生部分波动。通过考虑控制振荡的方均根（RMS）振幅$\langle x_c \rangle$，振荡器的相位噪声可以根据文献［EKI 04b］和［ROB 82］中描述的方法被表达。由 Pavseval – Plancherel 定理，σ_ω直接与频率中的噪声谱密度S_ω相关联：

$$\sigma_\omega^2 = \int_{\omega_0-\Delta\omega/2}^{\omega_0+\Delta\omega/2} S_\omega(\omega)\,d\omega \approx S_\omega(\omega = \omega_0)\Delta\omega \tag{2.49}$$

式中，$\Delta\omega$ 是针对自激振荡 NEMS 的带宽ω_0/Q所需的测量宽带。NEMS 的整体性能及其控制电子电路取决于进行测量的积分时间。在一般情况下，噪声谱密度被针对 1Hz 给出，对应于几个信号周期。频率的噪声谱密度使振荡器的频谱纯度得以估计，被关于相位噪声谱密度表达，从相位到频率的变换由梯度$\frac{\partial\varphi}{\partial\omega}$给出（见图 2.4）。相位噪声谱密度与 OL 中的 SNR 成反比［ROB 82, RAZ 96］：

$$S_\omega(\omega) = \frac{S_\varphi(\omega)}{(\partial\varphi/\partial\omega)^2} \approx \left(\frac{\omega_0}{2Q}\right)^2 \frac{S_{\text{openloop}}^x(\omega)}{A_c^2} = \frac{\omega_0^2}{4Q^2}\frac{1}{\text{SNR}} \tag{2.50}$$

式中，$S_\varphi(\omega)$ 是振荡器的相位波动谱密度（dBc/Hz）；$S_{\text{openloop}}^x(\omega)$ 是 OL 中的振幅噪声；SNR 的表达与功率有关。

应当注意的是，针对相位噪声的式（2.50）只在共振ω_0附近很窄的频带内有效。为了评估更宽频带内的相位噪声，应该优先考虑 Leeson 的半经验模型［SAU 77］。

$S_{\text{openloop}}^x(\omega)$ 是被认为完全去相关的所有噪声源的频谱密度的总和。它尤其涉及热机械噪声S_T^x（NEMS）、热噪声S_J^x（NEMS 和互连）、$1/f$ 噪声$S_{1/f}^x$（NEMS 和互连）以及电子噪声S_E^x。A_c是 NEMS 的位移的 RMS 值（纳米梁的临界振幅），可以通过电非线性进行控制㊀（增益电子电路的饱和，或对该增益关于机械振幅的主动控制）：

$$S_{\text{openloop}}^x(\omega = \omega_0) = S_T^x(\omega_0) + S_J^x(\omega_0) + S_{1/f}^x(\omega_0) + S_E^x(\omega_0) \tag{2.51}$$

必须强调，在这种情况下以 V^2/Hz 表达的电噪声是在 OL 系统的输出端计算的，并被以 m^2/Hz 表达。这一转化明确地取决于检测增益K_D。参考图 2.22，为了将最初以 V^2/Hz 表达的谱密度利用 m^2/Hz 为单位的噪声表达，其值被利用K_D的平方范数除：

$$S_{\text{Electronics}}^x(\omega_0) = \frac{S_{\text{Electronics}}^v(\omega_0)}{|K_D|^2} \tag{2.52}$$

对式（2.50）的快速检查表明，最强的可能的 SNR 是必需的。这给予了 NEMS 较大的振幅，而继续保持在线性机制内。换言之，频率稳定性与较大的机械功均表现良好。

㊀ 振荡的幅度可以使用 MOS248 的非线性性质进行控制，或通过动态地调整跨导增益 g_m 进行控制，这是直流漏电流 I_D 的函数。优选第一个解决方案，因为它不需要任何额外的组件，付出的代价是寄生谐波和/或噪声混合的出现。

式（2.52）显示出为什么不仅要尽可能地减少 NEMS 及其电子电路的噪声，还要优化由K_D表征的检测的有效性。此外，为了限制噪声，似乎具有最强可能的 SNB 也至关重要，从而获得突然的相位跃变（见图 2.4b），使得通过自激振荡锁相环（PLL）将谐振器置于振荡之中变得更容易。换句话说，必须通过利用不同的测量策略或外差方案（见图 2.27），并使用所谓的正交转导（驱动和检测不具有相同的物理起源：例如电容驱动和压阻检测），尽可能地限制驱动和检测的耦合。式（2.50）~式（2.53）使得对频率传感器的分辨率的估算成为可能，不管需要测量的物理参数是什么。

现在将提供式（2.51）中提到的主要噪声来源的相关细节。事实上，为了优化 SNR，识别和估算测量链中的主要噪声是非常重要的。预了解完整的研究，请参阅文献［CLE 02b］。噪声的主要来源如下：

- 来自电阻的热噪声：给定温度 T、电阻 R 的电荷载体随机移动，每次电子穿过电阻的给定横截面时产生电流的随机变化。这种噪声的频谱密度（V^2/Hz）被称为约翰逊 - 奈奎斯特噪声，由奈奎斯特关系式表示：

$$S_J(\omega)=4k_BTR \tag{2.53}$$

式中，k_B是玻耳兹曼常数。

在所研究的情况中，R 是连接部分以及 NEMS 的电阻部分（例如前面提到的纳米线的电阻）的电阻；

- 来自导体的 $1/f$ 噪声或闪烁噪声：其起源来自不同的现象，很难建模。这种噪声来自在电子 - 空穴复合中心或表面的电荷载体的弹性或非弹性分布处随机释放或捕获电荷载体的杂质。最后的这个现象可能在硅纳米测量仪器的情况中占主导地位。由此产生的频谱密度大致遵循 $1/f$ 的定律。由 Hooge［HAR 00］提出的经验模型规定频谱密度（V^2/Hz）反比于所考虑的导体的体积内包含的电荷载体的总数：

$$S_{1/f}(\omega)=\frac{\alpha_H V_{Bias}^2}{Nf} \tag{2.54}$$

式中，α_H是取决于导体类型的 Hooge 常数，介于 $10^{-7}\sim10^{-4}$。

- 来自电子电路的噪声：读出电子（例如 LIA）也引起噪声，其频谱密度是热噪声和来源于有源器件（CMOS 晶体管）和互连的 $1/f$ 噪声的叠加。尽管如此，在几千赫以上，这些器件的 $1/f$ 噪声相比于约翰逊项是可以忽略不计的。

- 热机械噪声：其表达式可以通过基本的涨落耗散定理定义，该定理规定，任何耗能的系统都是有噪声的。谐振器周围的气体分子所施加的力对其热化负责。在热力学平衡时，涨落耗散定理指出，该力是 NEMS 的耗散源。该耗散来源于式（2.13）中的阻尼项 b。根据式（2.14），品质因数 Q 由 b 推导而来。该力噪声（N^2/Hz）是一个具有中心高斯分布的频谱密度白噪声 $S_F(\omega)$：

$$S_F(\omega_0)=4k_BTb=\frac{4k_BTm_{eff}\omega_0}{Q} \tag{2.55}$$

位移S_{T}^{x}中噪声频谱密度（m^2/Hz）的表达式可以通过式（2.55）和式（2.15）中给出的频率响应来确定：

$$S_{\mathrm{F}}(\omega)=|\alpha_{\mathrm{NEMS}}(\omega)|^2\frac{4k_{\mathrm{B}}Tm_{\mathrm{eff}}\omega_0}{Q}$$
$$S_{\mathrm{F}}(\omega_0)=\frac{4k_{\mathrm{B}}TQ}{m_{\mathrm{eff}}\omega_0^3} \tag{2.56}$$

占主导地位的噪声可以根据 NEMS 的操作域（在空气中、在真空下、在低温条件下等）而变化[EKI 04]。在实验中，自激振荡回路中的 NEMS 的频率稳定性（见图 2.29）通常是通过测量归一化的瞬时频率在其标称值处的方差被进行评估，这被称为阿伦方差（AV）。该方差由文献［RUB 05］定义：

$$\mathrm{AV}=\sigma_{\frac{\omega}{\omega_0}}(\tau)=\sqrt{\frac{1}{2(N-1)}\sum_{1}^{N-1}\left(\frac{\overline{\omega_{i+1}}-\overline{\omega_i}}{\omega_0}\right)^2} \tag{2.57}$$

式中，ω_i是归并到第 i 个持续时间间隔 τ 的角频率的平均值；N 是独立测量的个数。

式（2.57）考虑了所有前面提到的噪声来源。此工具允许所有噪声来源通过不同的渐近线被识别（见图 2.30）。特别是，$1/f$ 和 $1/f^2$ 的噪声和长期求导分别由τ^0的平台和$\tau^{1/2}$的梯度所表征。白噪声（热机械噪声和热噪声）展现出$\tau^{-1/2}$的梯度，这来源于只考虑白噪声时式（2.49）和式（2.50）的组合。应当指出的是，如果样本数目趋近于无穷，式（2.57）趋近于真正的方差［在式（2.49）中给出］。

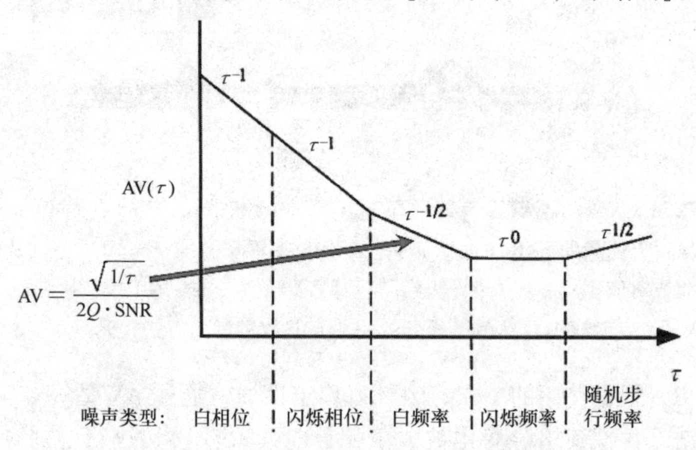

图 2.30　AV 与积分时间 τ（归一化频率在其上被平均）的关系。每个渐近线代表一种噪声的特征。将要注意的是，白噪声（例如热机械噪声和热噪声）具有 $1/\tau^{-1/2}$ 的梯度，闪烁噪声（$1/f$）呈现出平台

在总结本章前，回到 NEMS 的两个例子：两端夹紧硅纳米线和 X 梁。可以总结出，简单的纳米线呈现出相对较弱的振幅，这是由机械非线性所限。X 梁能够达

到更强的振幅，原理上具有更有效的转导。这是因为 SBR 更适合于 X 梁。事实上，可以看出 SNR 非常高（根据图 2.31 为 100dB）。在这个例子中，NEMS 的振动是使用下混频方案测量的，其驱动电压V_{AC}是 1.5V（无连续组件）。测量仪器的读出电压最大值为 1.5V。NEMS 的尺寸和原理特征在注解中给出。噪声在无驱动下被测量，因此对应于电噪声和热机械噪声的总和。为了练习的目的，可以尝试评估不同噪声的振幅。首先，共振噪声S_{on}和偏离共振噪声S_{off}之间的差别是$S_T^{1/2}=\sqrt{S_{on}-S_{off}}=17.6nV/\sqrt{Hz}$。该值对应于梁的不稳定的位移导致的热机械噪声。热噪声和 LIA 噪声（考虑到掺杂和纳米测量仪器的体积，据估计，1/*f* 噪声在本例中可忽略不计）由$S_{off}^{1/2}=\sqrt{S_J+S_V}$计算得到。使用式（2.53），热噪声被估计为 $12.8nV/\sqrt{Hz}$。最后，可以很容易地推导出 LIA 噪声S_V为 $5nV/\sqrt{Hz}$，事实上这是与仪器的规格相一致的。

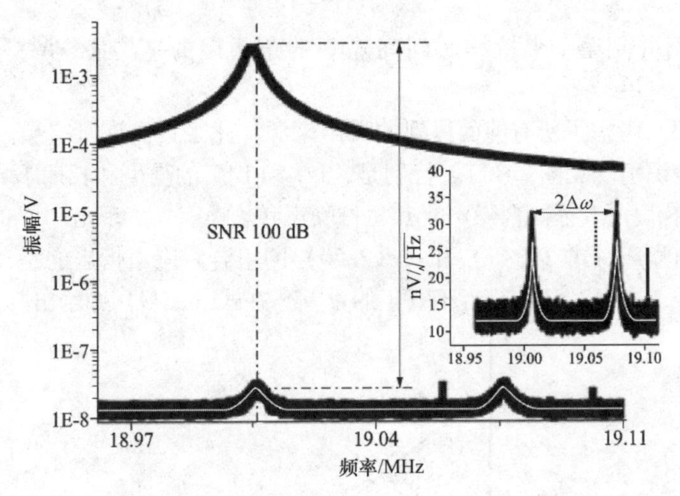

图 2.31 X 梁（悬臂长 5μm、宽 300nm；测量仪器长 500nm、宽 80nm；NEMS 厚 160nm）上测量的 SNR（振幅）——NEMS 被置于真空 $P=10^{-6}$下，$T=300K$。较高的曲线对应于$V_{Bias}=1.5V$ 和$V_{AC}=1.5V$（峰值）的驱动的频谱响应。频率偏移 Δω 被设定为 25kHz。噪声（较低的曲线）是以同样的方式在无驱动下测量的

除了 SNR，根据使用的工作点，频率稳定性通常通过 AV 估算。NEMS 在其共振频率被驱动，并且其相对变化被关于积分时间（获得）进行注册。通过首先估算相位变化，然后从它推导出频率变化［使用式（2.50）］，测量可以在 OL 实现。测量还在闭环内被实现（PLL 或自振荡器）。本书将不提供使用的不同测量方法的细节，如果有兴趣，请参阅文献［VER 06］。针对不同驱动电压的 AV 和噪声谱密度（单位为 dB）在图 2.32 中示出。NEMS 是类似于图 2.26 中示出的 X 梁。图 2.32a 中的 AV 具有对应于白噪声的短期积分的梯度$\tau^{-1/2}$。这一趋势与式（2.49）和式（2.50）是一致的。在较长的积分时间内，AV 呈现出对应于 1/*f* 噪声的平台。

当驱动电压提高时，振幅增大，从而在白噪声区域㊀内线性地改善 SNR。在图 2.32b 中，白噪声对应于一个随驱动电压减少的平台。在长期（对于 AV）或低频（对于 PSD），$1/f$ 噪声占主导，并且无论驱动电压如何均保持不变。

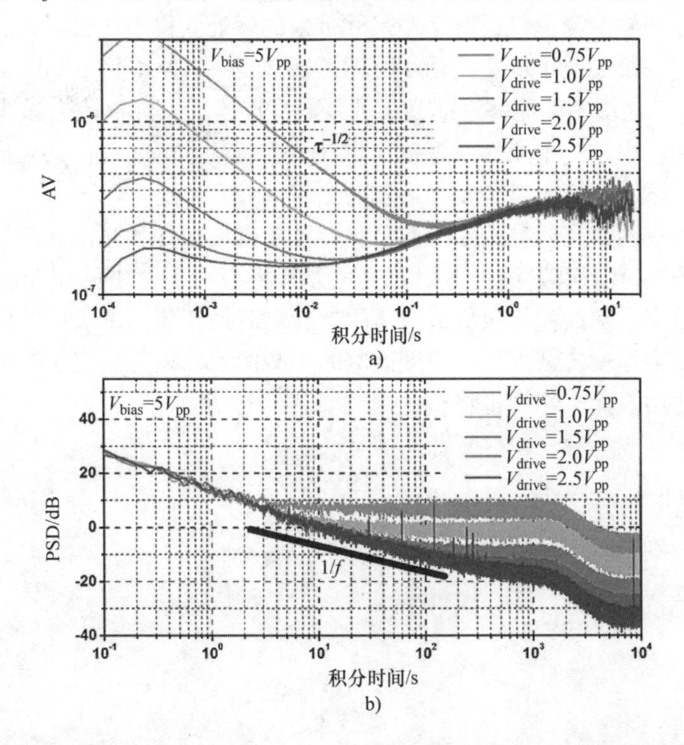

图 2.32　a）置于真空 10^{-6} T 和室温下的横梁对于不同驱动电压的 AV
b）测量的相应的噪声谱密度（通过实现傅里叶变换从时间数据计算）。本图的彩色版本请参见 www. iste. co. uk/duraffourg/nems. zip

2.4　小结

本章介绍了不同的转导原理（驱动，然后是检测），就 SBR 而言估计了它们的效率，并研究了与宏观测量仪器配合使用的难度。尽管标度律对于静电驱动和电容式检测来说是先验有益的，与仪器相关联的寄生电容对这一类的检测有害。它们的存在在高频（>10MHz）时甚至似乎是不可接受的。不过，这一常项对于压电检测来说很有价值。在高频下，与测量工具的输入阻抗平行的压电层的强电容值形成低通电路，这减少了有用的机电信号。磁转导在所有情况下似乎都非常高效，然而它需要强大的磁场，从而迫使研究者在低温下使用较强的磁场工作，不过通过近场

㊀ 当考虑偏置电压时，占主导地位的白噪声是热机械噪声。

集成磁体的努力已经被作出。压阻式检测仍然是理想的检测，虽然在设计优化压阻元件中的约束时必须付出努力。不同的实例还表明，测量方案对于结果有着非常强大的影响。因此，或多或少差分的复杂的外差检测图可以被用于限制背景。当付出的代价是难以实施的测量仪器时，小尺寸带来的好处变得不再吸引人。为了改进和简化读出方法，第一电子电路必须尽可能近地被集成，从而将 NEMS 的输出与宏观世界分离开㊀。这使人们能够返回到无外差的直接读出，并消除会减少有用信号的电缆电容效应。出于这个原因，近年来将 NEMS 与其 CMOS 器件共集成的研究活动被发展起来。第 3 章将提供关于此话题的更多细节。

关于共集成的研究还导致主动 NEMS 器件与机械部件和晶体管的组合，这些与本章描述的 SG - MOSFET 稍有不同。这种方法将在第 3 章中简要介绍，它特别地利用了尺度效应，例如耗尽效应或巨压阻效应。其他使用尺度效应的转导方法也被创建。因此，第 4 章将试图呈现尺度效应的一些例子，以及它们在检测 NEMS 的纳米运动中的使用。光机转导也将被介绍。

㊀ 这种方法是使用电容式检测的唯一解决方案。

第3章 NEMS与其读出电路的单片集成

3.1 简介

3.1.1 为什么要将NEMS与其读出电路进行集成

单片集成，又称“共集成”，表示一种将纳机电系统（NEMS）结构与其通常为互补金属氧化物半导体（CMOS）型的电子读出和处理电路进行集成的方案，其中这两个对象被放置在同一个芯片[㊀]中，因此彼此很接近。这种并置有着很大的优势，尤其突出的是系统的紧凑性和无与伦比的电转导效率。

这一空间上的接近使得寄生耦合效应和衰减能够被限制，这与所谓的“独立”方法不同，“独立”方法中NEMS及其电路被放置在单独的芯片或物体上。对这些影响的限制将电路输入在有用信号的绝对值和其与背景信号的比值（信号背景比，SBR）上进行了最大化。当电路被精心设计时，后者可以测量NEMS的固有信噪比（SNR），这是一种理想情况，其中系统不扰乱NEMS的读出电路，并且将其关于噪声和检测极限的内在特征进行了转化。

更重要的是，相对于需要非常多接触焊盘的独立方法，共集成使NEMS能够在具有几千个或更多单元的阵列内被部署，并且对它们进行单独读取。在这种情况下，每个NEMS据说可以“单独寻址”，并根据系统的架构，配有自己的读出电路或一个全局电路，该全局电路通过片上复用依次检查每一个NEMS。这种优势看起来非常重要，因为据预测，NEMS的未来应用将需要阵列来改善冗余/鲁棒性、感测面积以及能够获得空间（局部）信息的潜能。因此可以论证，从系统架构和实际执行的角度来看，存在着更简单的替代：NEMS集体网络。从概念上来说，这涉及用于驱动的独特输入和用于检测信号的独特输出，这是单个信号的总和。除了分散的问题，该结构不能使独立事件被检测，例如，由一个粒子到达一个NEMS表面而引起的频率变化在阵列的整体信号中是不可检测的；如果考虑质谱应用，阵列将经受连续的随机空间分布的粒子的降落，正因为如此，单独检查每个NEMS并提高NEMS的数量以提高感测一个粒子的概率将是至关重要的。因此，该阵列可以被看作一个由一组像素构成的图像，其全局构架需要用到共集成。

㊀ 为简化起见，在本章中，NEMS与其读出电路的集成将被不精确地称为“NEMS - CMOS集成”。

3.1.2 MEMS - CMOS 与 NEMS - CMOS 之间的区别

MEMS 与 CMOS 的单片集成成为技术、工业和商业现实已经有一段时间了（参见文献［BAL 05，BAL 14，FED 08］以获取更多信息）。MEMS - CMOS 曾有过一个黄金时代，但现在的 CMOS 生产线的超规范化以及可递送合理价位电路的 CMOS 晶圆代工厂的存在，已经意味着它们几乎从工业界消失。鉴于 CMOS 和 MEMS 在同一生产线上共存，集成电路的制造商显得很沉默。事实上，这可能扰乱 CMOS 产率，降低生产速度，并得到总体上比单独生产更低的产率（单片 MEMS - CMOS 产率从定义上就更低，因为它是两者产率的乘积）。因此，看上去成本和产率的要求导致了“独立”方法的优越地位，也就是使用两个独立的芯片将 MEMS 和 CMOS 集成。话虽如此，但因为大部分惯性传感器是电容式的，所以对于互连导致的寄生耦合和衰减非常敏感，其在微型化上的竞争可能很快改变事态。微型化必然减少电容耦合区域，从而减少有用的信号和所得到的 SNR。在保持其基本性能的同时减小元器件的尺寸将责成制造商重新考虑与 MEMS 的集成相关的特定范式。像 InvenSense 这样的公司在保持甚至提高其产品性能的同时，在产品微型化上取得成功并不是巧合。以其发明人和业务创始人的名字命名的“Nasiri 工艺”包括以特定的方式共集成 MEMS 和 CMOS，该工艺并不是使用同一芯片的单片式，不过也差不多：CMOS 形成 MEMS 的盖，从而形成密闭的真空下的空腔。它们之间的电连接是通过 AlGe 共晶密封圈制得的。

此外，MEMS 需要特定的 MEMS 工艺步骤，经常使用厚度与 CMOS 工艺中常用的厚度不同的活性层，同上的还有 COMS 世界中特定的不寻常的材料（AlN、PZT、SiC 等）。相比之下，NEMS 目前正在尺寸（50～500nm 宽，几微米长）、厚度［例如，薄的绝缘体上硅（SOI），厚度 < 200nm］、工艺和材料方面向金属氧化物半导体（MOS）晶体管上靠拢。换句话说，不像 MEMS，NEMS 能够在对工艺不做出重大改变的同时被包含到 CMOS 技术中。正如前面所说的，未来 NEMS 的关键应用似乎要求与阵列相关的功能，这只能由单片集成来促成。因此，对于 NEMS - CMOS 来说前景看起来是光明的。话虽如此，除了产量的问题，关于 NEMS 成本的问题已经被提出：一个或多个应用能否产生足够的量和利润率使得这一集成方案所引起的投资和成本被证明合理？只有时间能够给出答案。

本章包括 3 个部分。第 1 部分（3.2 节）：①描述 NEMS 和 CMOS 的单片集成在电性能方面的优势；②讨论为什么闭环 NEMS - COMS 是未来基于 NEMS 的频率传感器的基本构成模块；③提供对有关此话题的主要成就的概述。第 2 部分（3.3 节）：用于教育目的，从机电转导的角度描述几个已公布的研究项目的操作原理。第 3 部分（3.4 节）：简要列出 NEMS - CMOS 在架构和制造技术方面的未来展望。

3.2 单片集成的优势与主要途径

3.2.1 集成方案及其电气性能的比较

相比于独立的方法，共集成之所以能够大大地提高电转导性能的主要原因是它适当地将 NEMS 的阻抗与外部环境相适应（见图 3.1）。事实上，NEMS 中的大部分是高阻抗设备，其结果是，与外部互连和设备有着较大的阻抗不适应性，尤其是因为频率较高。在独立的方法中，NEMS 直接与来自接触焊盘和外部电缆的输出电容连接（见图 3.1a）。它们的等效阻抗往往要比 NEMS 的阻抗（Z_{NEMS}）低得多，这产生一个低通滤波器（也称为分压桥），强烈地减少了有用信号。

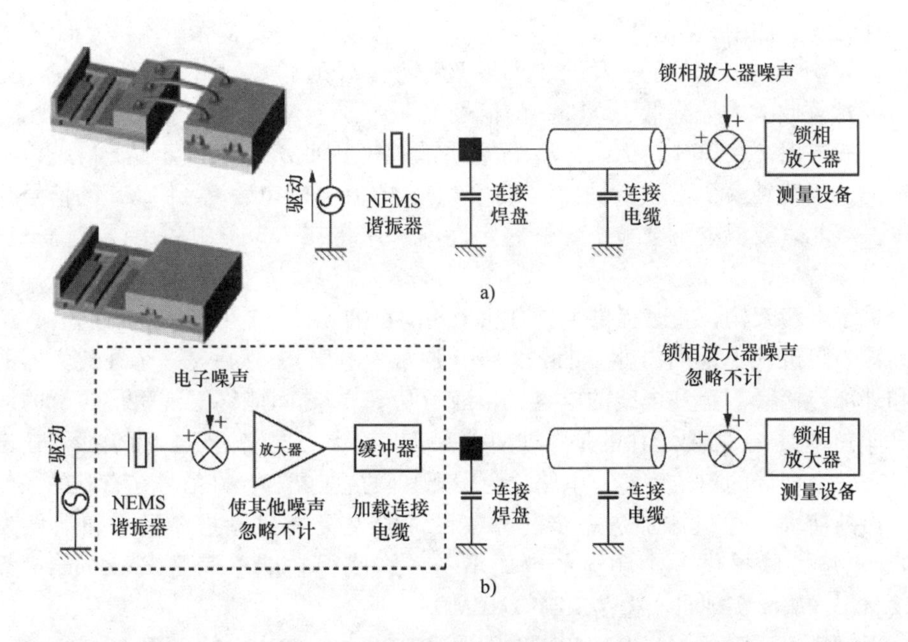

图 3.1 电气操作方案

a）与其外部读出电路连接的“独立”NEMS 谐振器。NEMS 输出端的寄生电容（焊盘和电缆分别产生几 pF 和几十 pF 的电容）产生相当大的信号损失 b）与其读出电路进行单片集成的 NEMS 谐振器，适应了谐振器的阻抗，并在不损失信号的同时实现了相同输出电容的加载

本书将利用一些例子来说明这一现象：考虑焊盘电容的典型值 $C_{IN\_PAD}=1pF$，电缆电容的典型值 $C_{IN\_CABLE}=10pF$，操作频率 f 为 10MHz 和 100MHz。还考虑 NEMS 与其单芯片组态中电路之间的寄生连接电容的典型值 $C_{IN\_NEMS-CMOS}=50fF$。这些电容的等效阻抗 $Z_{EQ-C}=1/(2\pi f C_{IN})$ 见表 3.1。

表 3.1 不同操作频率下 NEMS 与其读出电路之间的不同连接电容的等效阻抗值

C	f/MHz	
	10	100
$C_{IN\_PAD}=1pF$	$Z_{EQ-C}=16k\Omega$	$Z_{EQ-C}=1.6k\Omega$
$C_{IN\_CABLE}=10pF$	$Z_{EQ-C}=1.6k\Omega$	$Z_{EQ-C}=160\Omega$
$C_{IN\_NEMS-CMOS}=10fF$	$Z_{EQ-C}=1.6M\Omega$	$Z_{EQ-C}=160k\Omega$

此外，对于一般情况，考虑 NEMS 所看到的负荷阻抗Z_L（并忽略第一近似中的串联电阻）。Z_{IN}是读出电路的输入阻抗，C_{IN}是寄生连接电容（见上面定义的 3 个值）：

$$Z_L=\frac{Z_{IN}}{1+j2\pi Z_{IN}C_{IN}f} \tag{3.1}$$

在独立方法中，$C_{IN}\approx C_{IN\_PAD}+C_{IN\_CABLE}$。更重要的是，无论$Z_{IN}$为何值，50Ω或更高（外部测量设备一般提供两种选择），Z_L通常都比Z_{NEMS}低得多（见表 3.1），这因此大大地降低了 NEMS 的信号。

另一方面，在单片结构中，Z_{IN}通常非常高，因此Z_L取相当于$C_{IN_NEMS-CMOS}$的阻抗值，也就是一个与Z_{NEMS}相当或高于Z_{NEMS}的值。换句话说，NEMS 的信号只会减少一点儿，或根本不会减少。这些定性的考虑将在 3.3 节中利用详细例子进行补充。

关于电路架构，文献提供了具有几个共同点的几种拓扑：电路通常包含一个具有高输入阻抗（见前面内容）的放大级（通常为电压），然后是一个在放大器的输出和外部连接（焊盘和电线的电容，相当于几 pF）之间能够实现阻抗匹配的缓冲器（单位增益）。需要记住的是，即使在 NEMS 输出（电路输入）和缓冲器输出之间具有一个全局的单位增益，电路也会实现其阻抗匹配和允许信号在有利的条件下被读出的使命。通过添加进一步的经典设计放大级（尽管是以尺寸和消耗为代价），电路可以提供一个明显的电压增益，这使得它能够满足 Barkhausen 条件（2.3 节），从而实现自激振荡 NEMS－CMOS。

通过指出压阻式（PZR）NEMS 通常具有比电容式 NEMS 低得多（几个数量级）的阻抗来得出这些一般性的评论。与后者相比，它们因此对馈通寄生不怎么敏感，馈通寄生降低了 SBR 以及C_{IN}，C_{IN}减少了信号（以及传感器的 SNR，见下面内容）。Colinet 等人[COL 09a]对这两种 NEMS 类型进行了一般性的比较，并倾向于示出，出于上述原因，当频率超出 10～20MHz 范围时，PZR NEMS 更为有利。

对于一个给定带宽（BW）的传感器，输出信号（V_{OUT}）与噪声（V_{NOISE}）的 SNR 被表示为SNR_{SENSOR}，其表达式如下：

$$SNR_{SENSOR}=\sqrt{\frac{V_{OUT}^2}{\int^{BW}V_{NOISE}^2\,df}} \tag{3.2}$$

Robbins 公式[ROB 83]将存在于传感器的（电）SNR与其相位噪声（该噪声与频率噪声相关，将在下面给出）之间的连接进行了数学转换：

$$S_{\varphi\_SENSOR} = 1/SNR_{SENSOR} \tag{3.3}$$

换句话说，设计对频率变化敏感的传感器，如NEMS［具有最低的可能的相位噪声（或频率噪声）］，必然导致对电SNR的优化，从而对转导效率优化。

传感器的基本SNR极限是由其敏感部件的SNR所设定的。因此，在最好的情况下，SNR_{SENSOR}不能超过SNR_{NEMS}。在一个独立的结构中，考虑到来自NEMS的信号（共振、背景和噪声信号）在读出电路输入中通常非常低，被称为其输入的读出电路的噪声通常超过NEMS的噪声。在这种情况下，测量的SNR是NEMS信号和电路噪声之间的比值，因此要低于SNR_{NEMS}。单片集成中NEMS的信号减少很少，或根本没有减少，可能提供了最有利的情况，使得传感器的SNR达到其最大值，也就是$SNR_{SENSOR} = SNR_{NEMS}$。图3.2中的图表对这两种配置进行了比较。

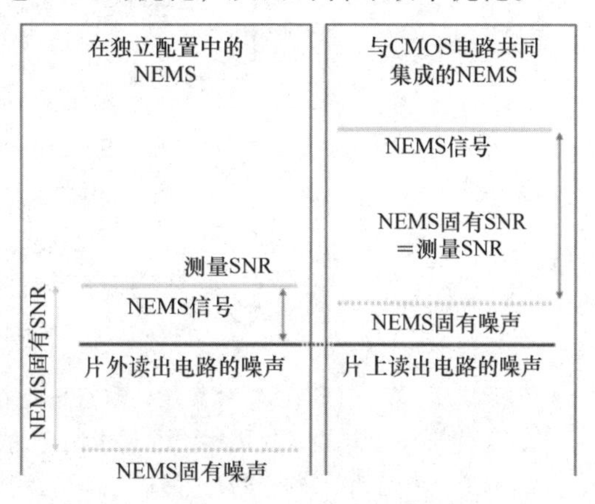

图3.2　通过单片集成改进SNR的图表（对于给定带宽）。在这种情况下，完整的NEMS + CMOS系统达到最大SNR，即NEMS的固有SNR

考虑$SNR_{SENSOR} = SNR_{NEMS}$时的情况（见图3.2中右侧）。传感器的相位噪声$S_{\varphi_SENSOR}$因此等于NEMS的相位噪声$S_{\varphi_NEMS}$［见式（3.3）］。后者通过下式与频率噪声相关联：

$$S_{f\_SENSOR} = S_{f\_NEMS} = \frac{\partial f}{\partial \varphi} S_{\varphi\_NEMS} \approx \frac{f_0}{2Q} \frac{1}{SNR_{NEMS}} \tag{3.4}$$

下角标带下划线的项只在$\partial f/\partial \varphi = f_0/2Q$（$\partial f/\partial \varphi$的最大值）时发生，该条件只在共振前后的相移接近180°时满足，也就是当SBR较高时。在相反的情况中，$\partial f/\partial \varphi$较低，从而降低了频率噪声。因此，SBR是在设计传感器时需要考虑的重要的一点。在这方面，单片集成也促成了改进。实际上，NEMS与其电路（将其信号放大）之间的空间接近使得独立设备中发现的馈通寄生受到了限制。对于这种馈通寄生耦合进行定量建模较为复杂：它主要来源于NEMS的输入和输出电极之间的电场的边缘场效应、接合线之间的电磁耦合、电极和/或通过基板（电容式和电阻式）的路线之间的耦合。无数的对不同配置的实验测量（路线和接合线的不同方向、电极的形状、NEMS的特定布线等）证实了这一馈通的存在，以及其在单片集成中的明显减少。图3.3[ARC 12]是一个很好的例子，它对比了两个形态相同的被进行相同驱动的谐振器：一个是独立的；另一个是共集成的。

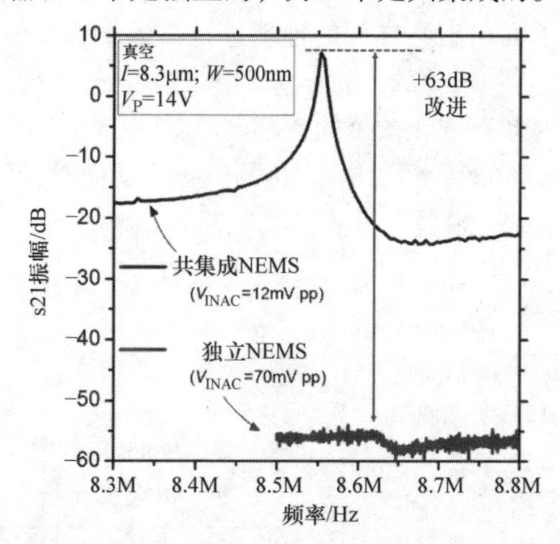

图 3.3 实验证明由单片集成导致的 SBR 和 SNR 上的改进。本图[ARC 12]对比了两个形态相同的、利用相同的技术制造的并利用相同操作点驱动的谐振器的电响应：一个是“独立的”；另一个是共集成的（提示：s21 = 20log [V_{OUT}/V_{INAC}]）。本图的彩色版本请参见 www. iste. co. uk/duraffourg/nems. zip

3.2.2 闭环 NEMS – CMOS 振荡器：构建基于 NEMS 的频率传感器的必不可少的组成模块

利用 NEMS 作为敏感器件的传感器，也就是检测由物理或化学刺激引起的共振频率变化的传感器，必须能够实时地检测短期或长期事件。因此，NEMS 在闭环内操作是必不可少的（见 2.3 节）。

利用 NEMS 作为振荡器件实现闭环振荡器有两种原理模式，这两者均在图 3.4 中示出：自振荡器和锁相环（PLL）。

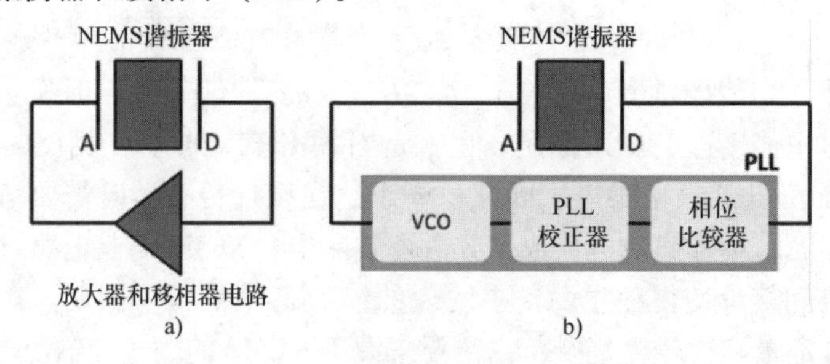

图 3.4 两个主要的基于 NEMS 的闭环振荡器架构的操作方案。字母 A 和 D 显示驱动和检测电极
a）自振荡器 b）锁相环

为了进入振荡状态并保持自振荡，自振荡器必须满足两个 Barkhausen 标准[见式（2.47）]。该电路被设计成为促进对 NEMS 的增益和相移的补充，从而满足

上述标准。NEMS - CMOS（共集成的）自振荡器是实施这一方案的最紧凑智能的解决方案：因为共集成确保了NEMS的增益相对来说较高（尽管低于1），对来自电路的增益要求适中，这降低了其尺寸和复杂性。迄今为止，只有两个研究组［巴塞罗那自治大学（AUB）的N. Barniol研究组和CEA的电子与信息技术实验室（CEA - LETT）的NEMS实验室］用实验展示了这种类型的设备。例如，参见文献［VER 08, VER 13, PHI 14］。Verd等人[VER 13]展示了一个11MHz的自振荡器，其（电容式）NEMS极化电压比CMOS的电源电压（3.3 V）要低，这是一个重要的成果。Philippe等人[PHI 14]展示了一个7.5MHz的自振荡器，只包含一个含有7个晶体管的超小型完整电路（放大器 + 缓冲器），面积仅为（50×70）μm^2。将在3.3.1节中更详细地讨论这两个例子。在未来，实时检测一个阵列中数千个可单独寻址的NEMS将很可能基于上千个像素，每一个像素由一个NEMS - CMOS自振荡器组成（例如，见文献［BAT 12］中的图18）。

大量的研究项目集中在外部基于PLL的闭环NEMS振荡器[EKI 04a, ARC 11, JOU 13, BAR 12d]，但据人们所知，没有一个在同一芯片上将NEMS和PLL单片组合的例子。实施外部PLL相对容易，而纯的CMOS PLL需要大量的投资，研究组们没有必要为了传感器示范而这么做。在未来，工业应用将可能使用芯片上的专用PLL——可能与NEMS单片集成——因为这一解决方案肯定比自振荡器更为灵活和模块化，而自振荡器的操作条件可以是非常严格的。

3.2.3　从制造技术的角度概述主要成就

本节将从制造技术的角度（NEMS的前CMOS、内COMS和后CMOS集成）概述（不可能是详尽的）文献中展示的关于NEMS - CMOS的研究。无一例外，关于NEMS的研究将在这里讨论，而不是关于MEMS的研究。必须指出的是，世界上只有非常有限数量的研究组/实验室正在研究（单片）NEMS - COMS，其结果是参考书目相对有限。在本书的认知中，所有使用自上而下的技术制造的NEMS的研究都有一个共同点：CMOS工艺被尽可能地只作出轻微的修改，或根本不修改，并且NEMS的特定步骤被尽可能地在CMOS之前或之后（后加工）实现，或程度较轻地在CMOS过程中实现。

后加工方法包括在CMOS工艺结束后马上实现NEMS的特定步骤。其中最活跃的，甚至可能是NEMS - COMS领域中最为活跃的研究组，巴塞罗那自治大学（西班牙）的N. Barniol领导的研究组遵循这种做法，这是一个在附加步骤和掩膜方面先验最为有效的方法。他们研究工作的大部分基于一个来自AMS的0.35μm CMOS技术（2个多晶硅，4种金属）（见图3.5a）[VER 08, VER 13, VER 06a, VER 07a, LOP 09]。电容式NEMS被限定在CMOS后端的最终金属互连层中（见图3.5c和d），或名义上用于实现电容器的两个多晶硅层之中的一个内（见图3.5a和b）。在这两种情况下，CMOS工艺均不需要被修改。关键点是从创立者那里获得授权，以打破设计套件

(DK) 中的一些规则，尤其是那些与焊盘开口相关的。这些开口在每个 NEMS 上被实现，对金属间介电层进行蚀刻，直到获得谐振器。唯一的后 CMOS 步骤机械结构的释放是通过简单的化学蚀刻实现的，并不会使用掩膜。一个高频（HF）基溶液对结构边缘下面和上面的 SiO_2 进行蚀刻，同时对于焊盘上的金属具有选择性。基于多晶硅层的方法通常被用于实现电容器（关于这一方法的信息请参阅文献［ZAL 10，ARC 08］），40nm 的间距促成了有效的电容转导，这是电容电介质的厚度。

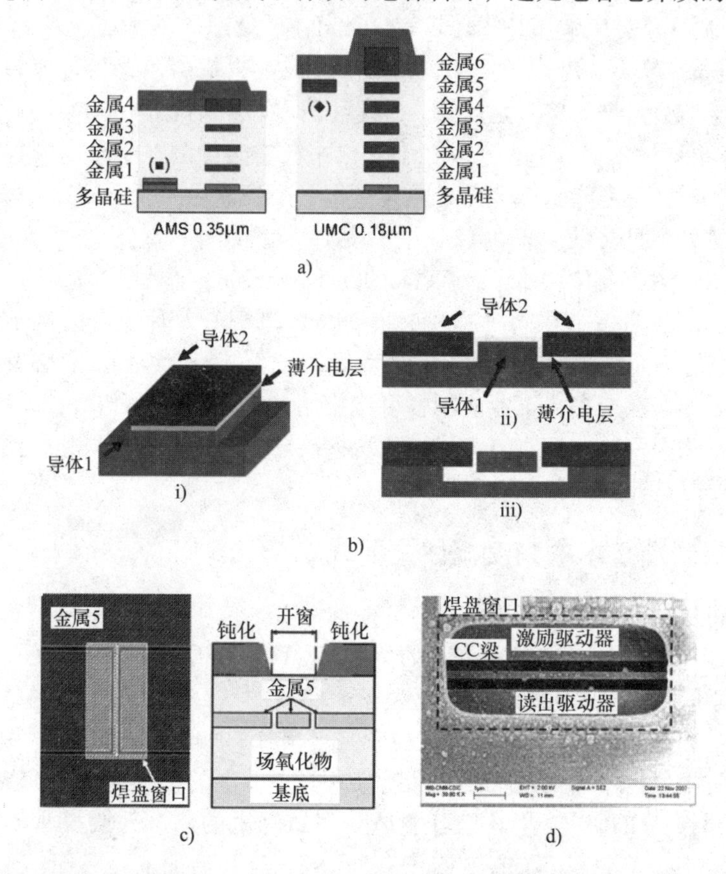

图 3.5　文献［LOP 09］中总结 AUB 的 N. Barniol 研究组的 NEMS – CMOS 后加工方法的图。本图的彩色版本请参见 www. iste. co. uk/duraffourg/nems. zip

a）该组最常用的 CMOS 技术：AMS 0.35μm（在 M4 或多晶硅层内制造的 NEMS）和 UMC 0.18μm（使用 M5）
b）基于 AMS 多晶硅层的谐振器的工作方案的横截面　c）使用 UMC M5 的谐振器的布局和横截面
d）根据 c）中描述的原理实现的 NEMS　CMOS 的 SEM 视图（来自以上）

如图 3.5b 所示，NEMS 及其电极因此被分别在多晶硅层的底部和顶部实现。不管 NEMS 的材料是什么，该 AUB 的后加工方法目前已被证明：其性能、可重复性和易于实施性已经在一系列出版物中被证实。然而，这种方法存在着缺点，包括 NEMS 相对高的厚度（300nm ~ 1μm），以及材料只对电容式检测有利，而对 PZR

检测没有帮助或帮助有限这一性质。

其他相对较新的成就更侧重于MEMS-CMOS，使用一系列后端堆叠（中国台湾“清华大学”W. Fang和S. -S. Li领导的研究组[TSA 12, LI 13]），或在集成电路（IC）（伯克利C. T. -C. Nguyen领导的研究组）上方利用电镀沉积的金属[HUA 08]作为MEMS的结构层。

前CMOS方法包括在CMOS工艺开始前在前端实现NEMS。最活跃的NEMS-CMOS研究组之一，CEA-LETI的NEMS实验室遵循这一方法，Si-mono被作为NEMS的结构层使用。然而，该方法要求CMOS代工厂同意在非裸硅基底晶片上实现CMOS工艺。该Si-mono结合了良好的力学性能（高的刚度$E=169$GPa和宽的弹性范围）以及实现电容式或压阻式NEMS的可能性。

在文献［ARC 12］和［PHI 14］中（见图3.6），制造业以在SOI基底的1μm厚的顶部硅层内确定电容NEMS为开端。NEMS/电极间隙以及NEMS和电路周围的沟槽随后被使用SiO_2填充。在这个例子中，代工厂（STMicroelectronics）同意在SOI基底上实施其0.35μm体CMOS技术（但没有其他修改），该方法通过去除作为牺牲层使用的掩埋氧化物（BOX），促进了NEMS的进一步释放。一旦CMOS被制得，焊盘上方的钝化开口也使移除NEMS上方的钝化层成为可能。在电路上保护层被沉积/光刻/蚀刻后，NEMS在后CMOS中被使用基于HF的化学蚀刻释放。

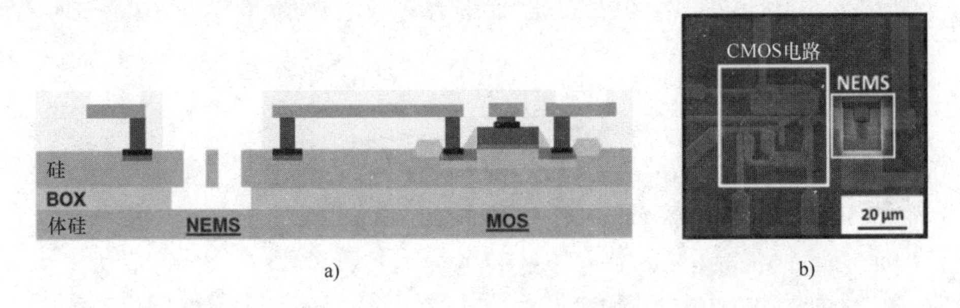

图3.6　取自文献［ARC 12］和［PHI 14］的将电容式NEMS集成到STMicroelectronics的0.35μm体CMOS技术中，在SOI基底上实施的前CMOS方案。NEMS被限定在SOI的顶层（1μm厚）。本图的彩色版本请参见www. iste. co. uk/duraffourg/nems. zip

CEA-LETI关于在Si-mono内集成非常高频率（100MHz）的压阻式NEMS的研究[ARN 12, OLL 12, ARC 14]结合了CMOS全耗尽SOI（FDSOI）技术（见图3.7），也属于前CMOS类别，尽管在这种情况中，有必要对CMOS工艺进行大量的修改：例如，在CMOS开始时，对NEMS被确定后的晶片表面的非平面性进行补偿，或者通过提供特定的掺杂。这只有在整个工艺全部在内部（在LETI）完成时才有可能，从而无需任何代工厂的干预。应当指出的是，NEMS和FDSOI晶体管通道是在同一层内制造的。这一工艺的一个创新点是其 NEMS 释放策略：一旦 NEMS 被确定，并通过 HF 化学蚀刻（无保护层）被释放，它们便被热氧化，并封装在多晶硅内，所有这些都在前 CMOS 中完成。在 CMOS 工艺的结尾，在 NEMS 上方的钝化开口，NEMS 被再次通过选择性气相化学蚀刻（基于 CF_4）释放，多晶硅被去除，同时保持钝化电介质完好无损。据人们所知，这是唯一一个验证具有 PZR 检测功能的 NEMS－CMOS，并使用自上而下技术生产如此小尺寸（梁：宽 100nm，长 1.2μm，厚 20nm；PZR 计：宽 30nm，长 100nm，厚 20nm，多晶硅）NEMS 的研究。

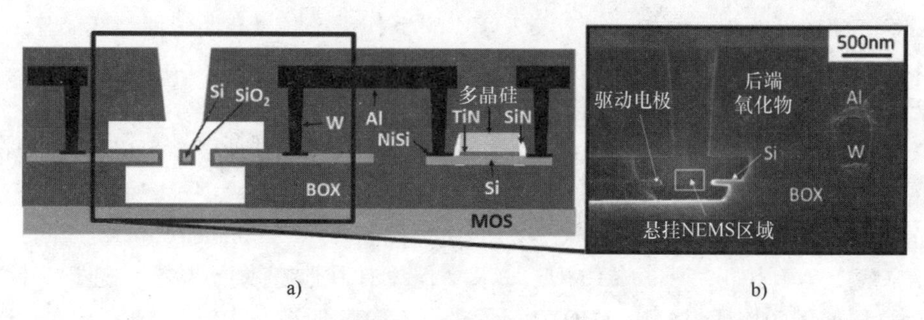

图 3.7　a）取自文献［ARN 12］和［ARC 14］的将压阻式 NEMS 集成到 CEA－LETI 的 0.3μm CMOS 全耗尽 SOI（FDSOI）技术中的前 COMS 和内 CMOS 集成方案。NEMS 被限定在 SOI 的顶层（20nm 厚）　b）具有共集成 MOS 晶体管的 TEM 横截面图

NEMS－CMOS 研究的总趋势是 NEMS 谐振器的小型化，如图 3.8 所示。N. Barniol 领导的研究组对例如 United Microelectronics 公司（UMC）的 0.18μm 技术或 ST-Microelectronics 公司的 65nm 技术进行了实验[MUÑ 13]。CEA－LETI 之前开展的基于 FDSOI 技术的研究[ARN 12, OLL 12, ARC 14]目前正在 28nm 节点上生产。NEMS 和晶体管沟道在相同的 20nm Si－mono 层内被实现。不像 MEMS－CMOS，NEMS 正实实在在地走向晶体管的尺寸和它们的制造工艺。

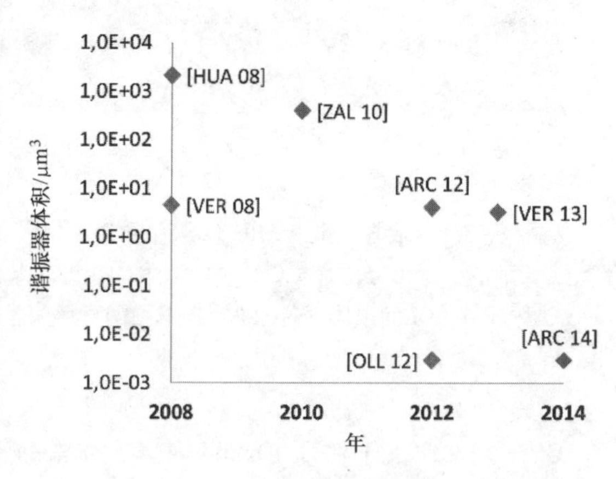

图 3.8　关于 NEMS－CMOS 的近期发表的研究针对谐振器体积的逐年比较

3.3　从转导的角度对一些显著成就的分析

本节出于教育的目的，从转导原理（见2.2节）的角度出发，对相关文献中关于NEMS－CMOS的一些主要案例进行更详细的分析。

3.3.1　电容式NEMS－CMOS的案例

3.3.1.1　Si－mono内的基于NEMS的8MHz自振荡器（由CEA－LETI研究）

这些单片组件[ARC 12, PHI 14]基于一个在SOI基底的Si单晶的顶层（Si－top）内实现的1μm厚的电容式NEMS，在其上STMicroelectronics的0.35μm体CMOS技术被实施（该Si－top层足够厚，确保与体型基底相比，晶体管的行为将不会被修改）。实施的制造技术在3.2.3节中被描述。该研究是NEMS－CMOS自振荡器的仅有案例之一（与文献［VER 08］和［VER 13］并列）。如前面所解释的，未来的对共振频率（f_0）的变化敏感的传感器，如高分辨率质量传感器，很可能会基于NEMS阵列，每个NEMS的共振频率被单独并实时地监测。因此，自振荡器应该构成一个重要的结构组件。

3.3.1.1.1　NEMS－CMOS自振荡器的一般架构

这个系统（见图3.9）基于一个处于侧弯（面内）第一模态的NEMS悬臂梁（Clamped－free beam或cantilever）的共振振荡，尺寸为长6μm、宽250nm、厚1μm，间隙为250nm。相关的CMOS电路通过提供适当的增益和相移维持振荡。为了使该系统发生振荡，它必须满足两个Barkhausen条件（见2.3节），也就是系统在共振和开环内的总增益G_{TOT}必须≥1，并且在开环内的总相移必须是0°（2π）：

$$|G_{TOT}(\omega_0)|\geq 1 \text{ 和 } \arg G_{TOT}(\omega_0)=0°(2\pi) \tag{3.5}$$

式中，$G_{TOT}=G_{NEMS}\times G_{CMOS-AMP}$；$G_{NEMS}=V_{OUT-NEMS}/V_{IN-NEMS}$；$G_{CMOS-AMP}=V_{OUT-AMP}/V_{OUT-NEMS}$。

单片集成促成C_{IN}具有较低的值，C_{IN}是NEMS输出和电流输入之间所有接地电容的总和：$C_{IN}=C_{O2}+C_{PARA}+C_{GS-M0}$（见图3.9c）。$C_{O2}$是检测电极的静电电容，$C_{PARA}$是NEMS－CMOS与基底之间的电容，事实上远低于50fF，C_{GS-M0}是M0晶体管的栅－源电容。因此，G_{NEMS}［见式（3.6）］可能保持与1非常接近（尽管总是低于1）。保持振荡的放大器电路的存在肯定仍然是必要的，但被提供的增益$G_{CMOS-AMP}$因此是适中的（1～10）：

$$G_{NEMS}=\frac{V_{OUT-NEMS}}{V_{IN-NEMS}}=\frac{1}{1+jR_M C_{IN}\omega} \tag{3.6}$$

同时（对于悬臂梁的面内第一侧弯模态）：

$$R_M=\frac{\sqrt{k_{EFF}m_{EFF}}}{Q\eta^2}=0.648\frac{w^2g^4}{L^3h}\frac{\sqrt{E\rho}}{QV_P^2\varepsilon_0^2} \tag{3.7}$$

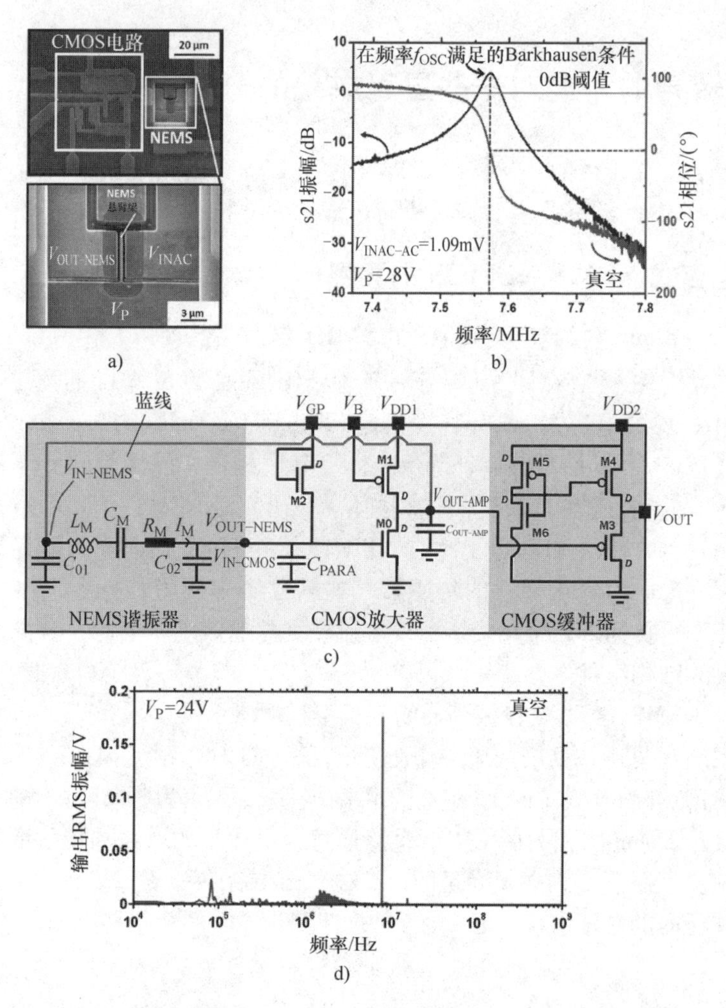

图 3.9　由文献［ARC 12］和［PHI 14］获取并启发的图：基于电容式 NEMS 和 ST-Microelectronics 公司的 0.35μm 体 CMOS 技术实现的 8MHz NEMS－CMOS 自振荡器。本图的彩色版本请参见 www.iste.co.uk/duraffourg/nems.zip

a）一个 NEMS－CMOS 器件的 SEM 图像（总面积为 $70\mu m^2$）。NEMS 的双电极配置（一个用于交流驱动，另一个用于检测，谐振器被直流偏振到V_P）的放大图（下图）　b）真空下满足 Barkhausen 条件的开环内的电气响应　c）闭环内 NEMS－CMOS 的相应电气原理图（蓝线将放大器输出连接到 NEMS 输入）　d）V_P＝24V 的自振荡（真空下）演示：电气响应的 FFT 显示出对应 NEMS 共振的单峰（无寄生振荡）

3.3.1.1.2　CMOS 电路的架构

NEMS/CMOS 系统的振荡条件（例如，参见文献［COL 09a］）已经决定了电路设计规则（参见文献［ARN 11］），其主要目标是对 NEMS 的输出电压进行放大和相移（节点$V_{IN-CMOS}=V_{OUT-NEMS}$）。该电路具有简单的架构（见图 3.9c），它基于一个具有所需$G_{CMOS-AMP}$的单个放大晶体管 M0，和一个将后者的输出阻抗调节到外部连接阻抗的缓冲器。晶体管数目的减少（只有 7 个）引起的低复杂性导致非常低的能耗（约为 1.2mW）和面积（超小型 NEMS + 电路装置，50μm × 70μm）。

电容电流i_M被称为动生电流，由 NEMS 产生，并被通过集成电容C_{IN}转换成电压$V_{IN-CMOS}$，因此$V_{IN-CMOS}$被 M0 放大。放大级的 3 个晶体管起到以下的作用：

- M1 是一个 p 型 MOS（PMOS）晶体管，由一个直流电压V_B在其栅极极化，保证其饱和度。它作为一个电流发生器，具有负载电阻R_{LOAD}（约为$1/gds_{M1}$）。M1 在 M0 晶体管上施加一个直流极化电流I_{DS}，从而通过设置$V_{OUT-AMP}$的直流电位使其达到饱和。

- M2 是一个 n 型 MOS（NMOS）晶体管，由一个直流电压V_{GP}在有源负载内极化。其功能是在不引起从 NEMS 电流到晶体管的泄露的情况下，在直流中将 M0 栅极极化到值V_{GP}。因此，M2 作为极化电阻R_{POL}（高阻抗）使用。M2 的尺寸使得$(\omega_0 C_{IN})^{-1} \ll R_{POL} \approx (gm_{M2} + gds_{M2})^{-1}$。

- M0 的功能是将$V_{IN-CMOS}$转换成强度（$-gm\ x\ V_{IN-CMOS}$）的电流，旨在$C_{OUT-AMP}$内独自流动。其结果是，M1 的尺寸被调整，使得（$gds_{M0} + 1/R_{LOAD}$）$\ll \omega_0 C_{OUT-AMP}$。根据前面的假设，以及改变 M0 尺寸使得C_{GD}（栅 - 漏电容）与C_{IN}相比可以忽略，对于相对高的谐振频率（>1MHz），电路的增益因此由下式给出：

$$G_{CMOS-AMP} \approx gm_{M0}/(C_{OUT-AMP}\omega_0) \tag{3.8}$$

应当指出的是，特定的直流极化点（V_B和V_{GP}）已被确定，使得在 M0 上产生相同的栅极和漏极直流电压，这意味着在一个自振荡器配置中，NEMS 在其两个横向电极（见图 3.9a）上被对称地在相同的直流电势下极化，这对其动态行为是更可取的。这也确保 M0 处于饱和区。

缓冲器包括晶体管 M3、M4、M5 和 M6。其功能是提供阻抗匹配，从而实现大输出电容（与测量仪器关联：接触焊盘、电缆、示波器等），典型值为 10 ~ 20pF，并且因此提供足够的电流。理想情况下，缓冲器的增益$G_B = V_{OUT}/V_{OUT-AMP}$必须等于 1，但是在实践中会略低。该缓冲器的集成对于电路的性能是根本的：事实上，从提高$G_{CMOS-AMP}$的角度来看，缓冲器使得$C_{OUT-AMP}$的值保持相对较低（≪pF）。如果缓冲器是外部的（例如，在一个芯片外电路中），$C_{OUT-AMP}$将至少提高 100 倍，这将对获得足够的$G_{CMOS-AMP}$起到抑制作用。

3.3.1.1.3　对 NEMS - CMOS 系统实现自振荡

根据文献［ARC 12］和［PHI 14］中分别介绍的 NEMS 和电路设计，应用式（3.6）~式（3.8）显示出，来自 Barkhausen 条件［式（3.5）］的增益准则可以被大约为 20V 的 NEMS 的最低极化电压V_P所满足。为了满足第二准则，该 NEMS - CMOS 系统被设计成产生连续的相移，从而获得 0°的总相移：

- 共振时，$V_{IN-NEMS}$和i_M之间的相移为 0°；
- 在i_M和V_G之间，电容C_{IN}产生 -90°的相移 $\Delta\varphi_1$；
- 在$V_{IN-CMOS}$和放大强度电流（$-gm\ V_{IN-CMOS}$）（见图 3.9c）之间，相移

$\Delta\varphi_2=-180°$；

- 在电流（$-gm\ V_{IN-CMOS}$）和$V_{OUT-AMP}$之间，电容$C_{OUT-AMP}$产生的相移$\Delta\varphi_3=-90°$。为了达到这个结果，所有的电流（$-gm\ V_{IN-CMOS}$）必须独自通过$C_{OUT-AMP}$流动，意味着（$gds_{M0}+1/R_{LOAD}$）$\ll\omega_0 C_{OUT-AMP}$。更一般地，$C_{OUT-AMP}$值的选择导致满足增益标准（低$C_{OUT-AMP}$）和满足相移标准（相对较高的$C_{OUT-AMP}$，也就是低阻抗）之间的权衡。这里找到的权衡导致$C_{OUT-AMP}=400fF$。再次重申，单片集成缓冲器是根本的，如果不这样，$C_{OUT-AMP}$将会非常高（因为它是直接由焊盘和外部连接的尺寸所决定的）。

此外，当进入自振荡状态时，绝对有必要将 NEMS - CMOS 系统设计成为诱导饱和现象，将自振荡的机械振幅限制到一个低于动态拉入[KAC 10]的振幅的值（否则将导致不可逆转的静摩擦，甚至可能破坏梁）。对于 50% 的任意最大间隙限制，该系统通过使用适当的V_P值调整G_{NEMS}，并很好地利用该电路自身的饱和度（而不是机械和静电非线性，其效果将是不够的），将振荡控制在这一阈值以下。

对于 Barkhausen 条件的满足被在一个开环中检查并调整（见图 3.9b）。调整参数随后被应用到一个闭环结构（NEMS 没有外部驱动焊盘，其输入被连接到节点$V_{OUT-AMP}$），自振荡被自发地产生并稳定，如图 3.9d 所示。后者显示在大约 8MHz 的自振荡信号（真空下，在节点V_{OUT}测得）的快速傅里叶变换（FFT），在相对高的V_P（24V）获得。频谱示出了单峰，对应于 NEMS 的共振频率，并且不受寄生共振扰动。

3.3.1.2 多晶硅内基于 NEMS 的 11MHz 自振荡器（由 AUB 研究）

这些由 AUB 的 N. Barniol 研究组开发的单片组件[VER 13]基于厚度约为 300nm、在 Austria Microsystems（AMS）公司的 0.35μm CMOS 技术的两个多晶硅层（名义上构成电容器）中的一个里面实现的电容式 NEMS，如图 3.10a 所示。两个 NEMS 电极（交流驱动和检测）在第二个多晶硅层内实现，并与 NEMS 之间形成 40nm 的间隙（一个两端夹紧的音叉，长 12.8μm，宽 500nm）。该已实现的制造技术在 3.2.3 节中被描述（例如，参见文献［VER 06a，VER 07b，LOP 09］）。

该系统是一个 Pierce 振荡器，其谐振元件是一个在其第一侧弯模态反相位驱动的 NEMS 音叉。维持振荡的 CMOS 电路（见图 3.10b）基于一个面积为（54 × 66）μm^2的被降低能耗（1.5mW）的级联型差动电压放大器。电压跟随器缓冲级使得放大器的输出阻抗被与一个 50Ω 的外部连接相匹配。因为具有 40nm 的间隙，超高效的电容检测使得 CMOS 相容的 NEMS 直流极化电压V_P成为可能，更确切地说低于$V_{DD}=3V$，这对于一个 NEMS - CMOS 自振荡器来说是史无前例的。

这种差动配置大大地降低了与 NEMS 馈通寄生关联的背景信号（共模），这改善了其增益和相移。因此，两个相同的 NEMS 被与两个差分输入相连：一个作为电路的谐振元件使用；另一个专用于寄生耦合电流的减少（除了这种寄生电流，即使电容谐振器被驱动，如果它们的有效V_P为空，也不能提供动生电流）。在稳态区

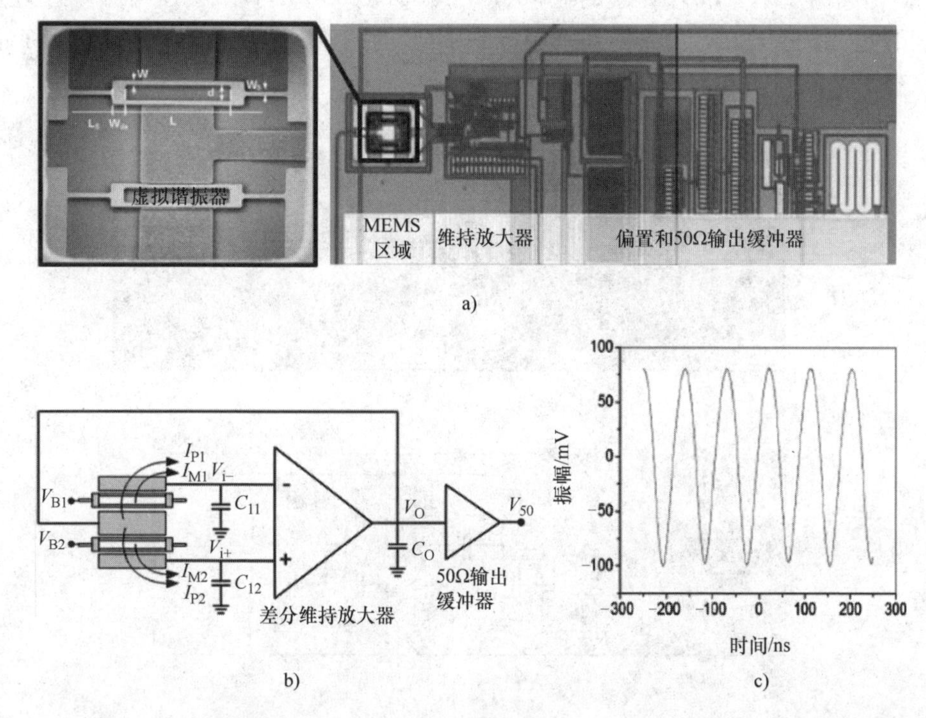

图3.10　由文献［VER 13］获取并启发的图片：基于在AMS 0.35μm CMOS技术内实现的电容式NEMS的11MHz NEMS－COMS自振荡器

a）NEMS－CMOS器件的SEM（左）和光学（右）图像。该NEMS（两端夹紧的音叉）具有双电极配置：一个用于交流驱动；另一个用于检测，谐振器是直流极化的　b）Pierce配置中NEMS－CMOS自振荡器的等效电气原理图：差分放大器被与两个NEMS一起使用，其中一个NEMS不提供共振信号，而是使得寄生耦合信号被去除　c）功能演示：稳态自振荡状态中频率为f_0时的时域输出信号

和真空条件下（这在文献［VER 13］中没有被指定，不过很可能是这种情况），自振荡器提供（见图3.10c）一个180mV的峰－峰振幅信号，频率为11MHz（NEMS的f_0）。到目前为止，文献［VER 08］的修订和改进版文献［VER 13］，似乎是关于NEMS－CMOS自振荡器在转导效率（可以从CMOS兼容的NEMS的低V_P看出）、NEMS的尺寸和相位噪声（本底噪声为－110dBc/Hz）方面最为成功的成就。

3.3.2　压阻式NEMS－CMOS的案例

3.3.2.1　CEA－LETI使用CMOS FDSOI工艺开发的100MHz“横梁”谐振器

这些单片组件[OLL 12, ARN 12, ARC 14]（见图3.11a）基于实现在一个SOI基底的20nm厚单晶Si层内的压阻式NEMS。该谐振器具有目前最小的“横梁”[MIL 10]：这些梁长1.2μm、宽100nm，并且具有两个长80nm、宽50nm的侧向量规。这些

NEMS是利用CEA-LETI先进的亚100nm FDSOI式CMOS技术，在与晶体管沟道相同的Si层内实现的。制造这种NEMS-CMOS的完整工艺在3.2.3节中进行了描述（参见文献［OLL 12，ARC 14］）。

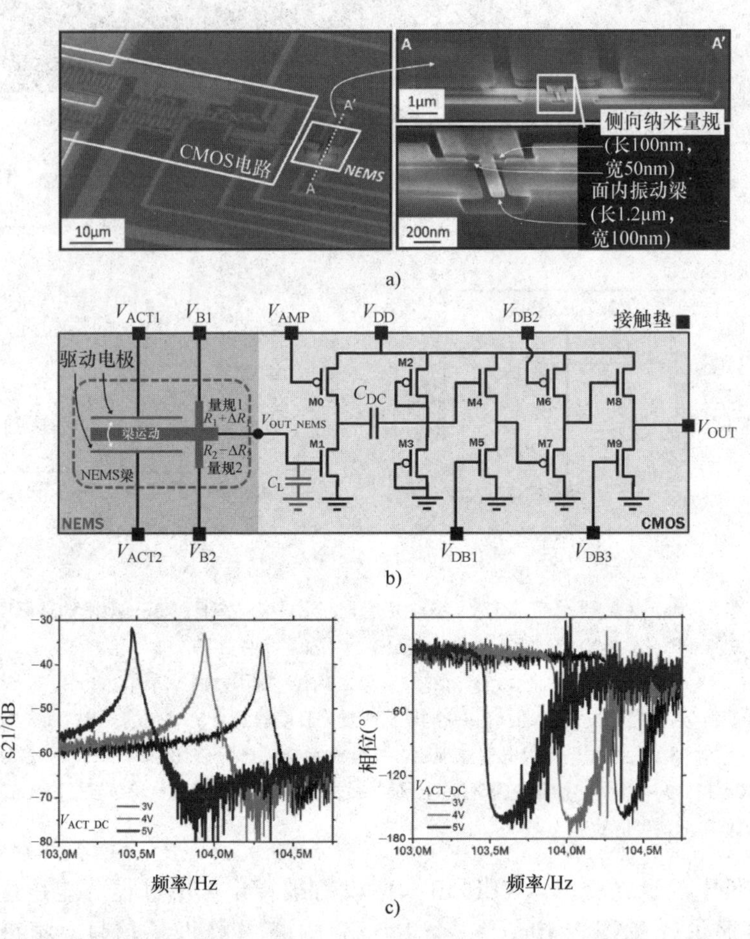

图3.11　由文献［OLL 12］和文献［ARC 14］获取并启发的图：基于最小的压阻式NEMS（长1.2μm，厚20nm，宽100nm）和亚100nm FDSOI型CMOS技术的100MHz NEMS-CMOS器件。本图的彩色版本请参见www.iste.co.uk/duraffourg/nems.zip

a）NEMS-CMOS器件的连续放大SEM图像　b）NEMS-CMOS的等效电路图　c）量规的极化电压（$V_{B1}-V_{B2}$）=4V，交流驱动电压有效值为2.25mV时，真空下测量的振幅（左）和相位（右）的电气响应（s21传输参数）

这项研究在发表时获得了显著的成就和创新：①是具有PZR检测的NEMS-CMOS的第一个示范；②是使用“自上而下”技术制造的最小的NEMS中的一些，如果没有更小；③直接读出（零差）的仅有的少数例子中的一个，并且面向非常高的频率（100MHz）。首先必须声明，实现一个零差NEMS-CMOS自振荡器比实现一个外差的NEMS-CMOS自振荡器要更简单且更紧凑。事实上，如前面所解释的，高频率NEMS（超过10MHz）的读出本身就具有降低了很多的尺寸，通常强制使用外差检测方案，在低频率下向下转换有用信号，而该信号本质上是较低的。这样能够使其免受强衰减［与低通输出滤波器关联，见式（3.4）及其相关段］和与高频关联的寄生效应的影响。在100MHz获得如此小的NEMS的直接读出是非常明显的。这是通过共集成达到的，共集成在NEMS的输出提供了低的寄生电容C_{IN}（这里$C_{IN}=C_L+C_{GS-M1}$，C_L是NEMS和CMOS之间的寄生电容，C_{GS-M1}是M1晶体管的栅-源电容，见图3.11b）。

NEMS的输出电压（$\equiv V_{IN-CMOS}$）的表达式如下：

$$V_{OUT-NEMS}=\frac{V_{B2}-V_{B1}}{2+jC_{IN}\omega(2R_{ba}+R)}\frac{\Delta R}{R}\approx\frac{(V_{B2}-V_{B1})}{2}\frac{\Delta R}{R} \tag{3.9}$$

式中，V_{B1}和V_{B2}是量规的直流极化电压；ω是梁机械运动的角频率；R_{ba}是NEMS输出的串联电阻（在两个量规的共同端与M1栅极之间）；R是一个量规的电阻（两个是相同的）；ΔR是它们在经受一个与横梁第一面内弯曲模态中的共振有关的机械力时的变化。因为C_{IN}很低（几十fF），底下的项才相等。于是，相对变化$\Delta R/R$为

$$\frac{\Delta R}{R}=\frac{G}{E}\frac{\alpha QF_{ACT}}{A_J} \tag{3.10}$$

式中，G是方向<110>内的应变系数；E是弹性模量；α是将驱动静电力F_{ACT}（应用到两个电极中的每一个）的等效应用点与两个量规的共同端之间的杠杆臂效应进行转化的一个无量纲因数；Q是共振的品质因数；A_J是量规的横截面积。

表达为s21 = 20log（V_{OUT}/V_{ACT}）的（零差）直接读出的电气响应在图3.11c中示出。对于适中的量规极化电压（$V_{B1}-V_{B2}=4V$）和超低的交流驱动电压（2.25mV有效值），这些共振峰显示出出色的SBR和SNR，因而说明了机电转导的效率，特别是由共集成导致的。应当指出的是，为了获得这一结果，差分驱动（V_{ACT1}和V_{ACT2}处于反相）是绝对必要的，以便馈通寄生信号能够在$V_{OUT-NEMS}$节点被减去。对于$\tau=500ms$，AV测量显示的最佳值为$\sigma_A=2\times10^{-7}$。这对应于低至2zg的质量检测极限，也就是约1.3kDa（此值仍需在质量测量实验中被论证）。

3.3.2.2　麻省理工学院（MIT）使用国际商业机器（IBM）公司的CMOS SOI工艺制造的谐振体晶体管

这项研究[MAR 14, MAR 12]涉及实现在具有静电驱动的谐振体晶体管（RBT）内的11GHz声学RF谐振器（见图3.12a）。

机电检测基于一个n型场效应晶体管（nFET）的漏极电流的PZR调制，该PZR效应诱导载流子迁移率的调制。不像之前在3.3节中介绍的其他研究工作，这些谐振器（尺寸为360nm×2.5μm，整个装置的尺寸为5μm×3μm）不包含CMOS读出电路，它们旨在实现具有降低尺寸、消耗和寄生效应的声学频率源。但是它们

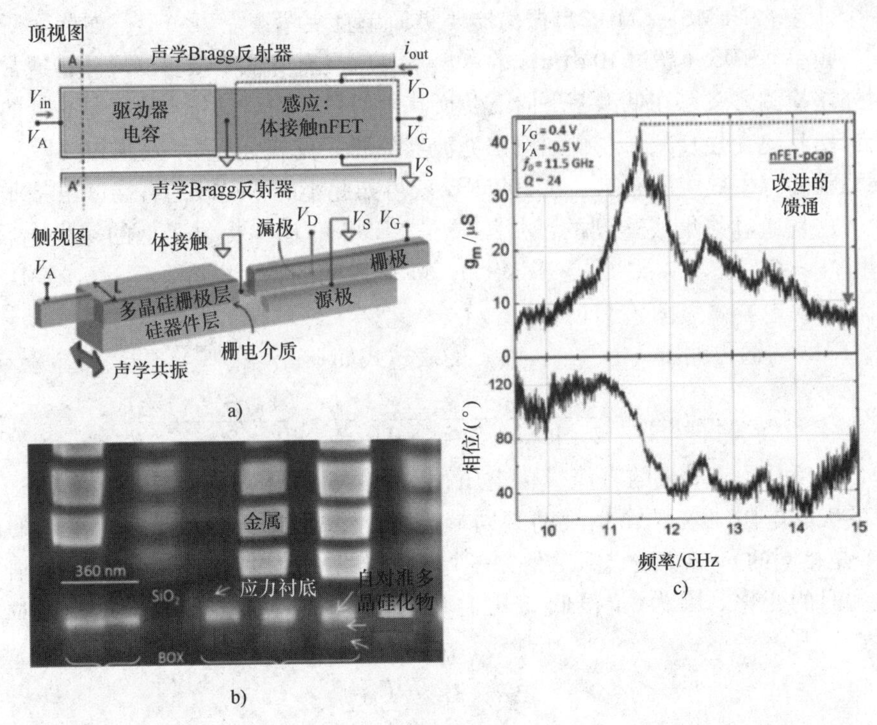

图 3. 12 图片来自文献［MAR 14］：在 IBM 公司的 CMOS SOI 技术前端制造的谐振体晶体管型 11GHz 声学射频谐振器。本图的彩色版本请参见 www. iste. co. uk/duraffourg/nems. zip

a）具有解耦驱动和检测的 RBT 的原理图 b）CMOS 叠堆以及特别地埋藏在金属层下的谐振腔的 FIB 图

c）基于具有 p 沟道的驱动电容和 nFET 晶体管的谐振器在跨导和相位方面的电气响应

构成了共集成的一个案例，因为它们是在 IBM 公司的 32nm CMOS SOI 技术的晶体管水平上被制造的，使用了沟道 - 氧化物 - 栅极（在多晶硅内）叠堆结构（见图 3. 12b）。这些谐振器是被填埋而不是释放这一事实促进了集成，横向声振动被邻近的 Bragg 反射镜所限制。这项研究构成了第一个有前景的步骤，并提供了具有 11. 5GHz 频率测量功能的初步示范（$Q \approx 24$）（见图 3. 12c）。

3. 3. 3 替代途径

现在列出其他研究，它们并没有阐释共集成，而是描述了可能被共集成的 NEMS。例如，来自 EPFL（瑞士）由 A. Ionescu 领导的研究组的研究[BAR 12c, BAR 14]，涉及 Si - mono 内的纳米线谐振器，其 f_0 的范围是 70 ~ 100MHz，实现在 RBT 内 (RB - FET，如文献［MAR 14，MAR 12］，不过在这个情况中谐振器是不同的类型，没有被共集成，它们被释放，并处在一个不同的频率范围内），如图 3. 13 所示。与文献［KOU 13］使用相同的方式，文献［BAR 14］涉及作为一个无结场效应晶体管（FET）使用的谐振硅纳米线，利用了由横向机械运动引起的耗尽电荷的调制效应。与在相同的谐振器上测量的比较结果倾向表明这种检测方案促成比 PZR 检测更好的 R_M。这种类型的谐振器可能被集成到 CMOS 技术中，例如通过遵循文献［OLL 12］和文献［ARC 14］中所描述的工艺。值得一提的还有文献［HAL 13］中描述的具有热驱动和 PZR 检测的 Si－mono 谐振器，它可以作为共集成的候选在自振荡中实现（见文献［RAH 11］）。

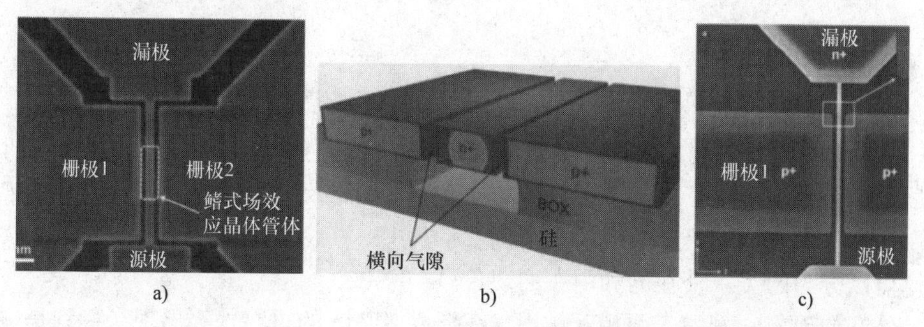

图3.13　图片取自文献［BAR 12c］和文献［BAR 14］。具有振动沟道的场效应晶体管内实施的硅纳米线：a）有结；c）无结。本图的彩色版本请参见 www. iste. co. uk/duraffourg/nems. zip

3.4　小结与未来展望

共集成 NEMS－CMOS 器件不仅通过大幅度减少谐振器与其读出电路之间的寄生衰减和耦合优化了转导效率，还在整个系统的尺寸和功耗上获得了明显的收益。

从器件的角度看，共集成应该能够使提出新的模拟、射频（RF）和传感器功能成为可能。在后一点中，共集成应该使达到非常低的检测极限成为可能（例如，质量 <kDa），并且似乎是在具有成千上万个单元的阵列中部署 NEMS，并对它们进行单独访问的最好解决方案。这种类型的阵列将类似于由一组超灵敏像素组成的成像仪。

从技术的角度看，NEMS 制造工艺向 CMOS 汇集的趋势将建立，这将顺带产生新的器件和应用。在为使用穿透硅通孔（TSV）的三维集成提供替代的高潜能技术方法中，三维连续单片集成[BAT 12]提供了巨大的机会，尤其是在它能够促成的极端互连密度方面。该 above－IC 技术基于 CMOS 晶片与一个返回 SOI 晶片的分子键合。在这个配置中，Si－mono 内 NEMS 可以利用掺杂和独立于 CMOS NEMS 的晶体取向来实现。

第 4 章　NEMS 与尺度效应

4.1　简介

从微机电系统（MEMS）到纳机电系统（NEMS）的转变不仅仅涉及系统机电性质的位似减少。除了表 1.1 中总结的标度律，纳米尺寸固有的基本效应必须被考虑。本章将简要描述尺度效应的几个例子，其中一些将被更详细地检查。这些物理定律可以分为两类：外在的和内在的现象。

外在的现象，例如表面相互作用，在形成 NEMS 的材料外部出现。特别是，可以引用卡西米尔/范德华力[CAS 48]，它们在静电驱动力存在的情况下不再是忽略不计的，并且很可能干扰 NEMS 的操作[CHA 01, PAL 05, AND 07]。卡西米尔力将在 4.2 节中进行讨论。在 NEMS 的情况中，摩擦或流体压缩力发生在周围空气的稀薄域内。该域依赖于两个结构（固定的或移动的）分离的区间以及移动部件的激励频率。交界表面之间的无数其他相互作用可能会出现（例如，参阅文献［SIR 10］）。所有这些相互作用都取决于操作 NEMS 的条件（例如，空气和真空）以及实现模式（交界表面的几何形状、相对分开距离的表面粗糙度以及材料都可以有很大的影响）。

然而，通常与材料的固有特性（如电传导和热传导）关联的物理定律在小尺寸下会发生改变。如图 4.1 中介绍的那些硅纳米线，直径通常为 5～100nm，长度在微米级。对于最小的直径，沿着直径方向可以发现 10 个左右的硅原子。因此，这里考虑的环境不再是连续的，其表面条件有着很强的影响。很显然，热和电传导现象的经典模型应该大体上被改进。例如，自下而上技术（见附录 A）中制造的硅纳米线被观察到巨压阻效应[HE 06]。本书的剩余部分将特别专注于改变压阻传导的尺度效应，这对于 NEMS 来说是一种优选的方法（见 2.2 节）。

同样地，纳米线的热导率随着直径而降低。高掺杂的纳米线可以被看作一个与结晶环境相关的电子气（或空穴气），但没有相互作用。因此，热导率是两个电子 $\lambda_{th_e^-}$㊀和声子 λ_{th_ph} 贡献的总和[JU 05]：

$$\kappa = \lambda_{th\_ph} + \lambda_{th\_e^-}\lambda_{th\_ph} = \frac{Cv_g}{3}\frac{1}{l_{ph}^{-1} + w_j^{-1}} \tag{4.1}$$

㊀ 强掺杂的纳米线的电导率也可以由 Wiedemann－Franz 定律[KIT 98]进行粗略估算，$\lambda_{th\_e^-} = \sigma LT$，其中 L 是洛伦兹数（$2.45 \times 10^{-8}\,\mathrm{W\,\Omega\,K^{-2}}$）。这一表达式非常适用于贵金属。

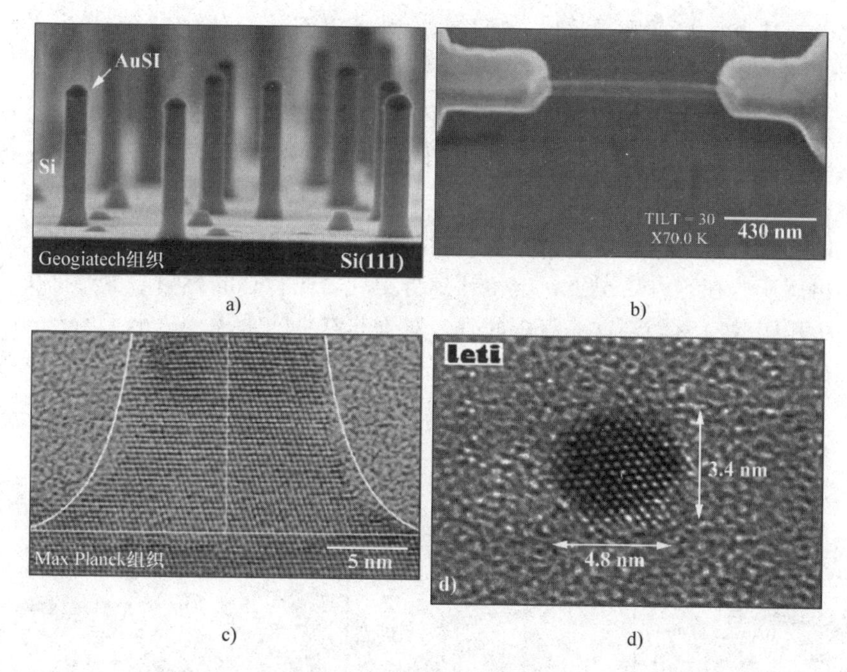

a)　b)　c)　d)

图 4.1　硅纳米线的实例

a）通过气 - 液 - 固方法构建的纳米线，GeorgiaTech 组织的 Filler 研究组　b）通过硅的纳米结构化（在光刻和蚀刻后，连续的氧化/脱氧步骤）构建的悬挂纳米线　c）VLS 纳米线的垂直横截面的 TEM 图像[SCH 09b]　d）通过蚀刻获得的纳米线的水平横截面的 TEM 图像

$$\lambda_{th\_e^-} = \frac{1}{3} C_e v_F l_e \tag{4.2}$$

式中，C 是晶体的热容；v_g 是声子的群速度；l_{ph} 是声子在宏观样品中的平均自由程；C_e 是电子气的热容；v_F 是电子的费米速度；l_e 是电子的平均自由程；w_j 是考虑到声子的表面散射时的纳米线的宽度；l_{ph} 是两次碰撞之间一个声子走过的平均距离。

这些碰撞发生在晶体缺陷上（未插入晶格的掺杂剂、晶界）、声子之间以及声子与结构表面之间。低温（$T \ll \theta_D$，德拜温度）时 $C \approx T^3$，高温时 $C \approx 3Nk_b$（N 是单位为 m^{-3} 时的原子浓度）。乘积 Cv_g 在 $1.7 \times 10^9\ W \cdot m^{-2} K^{-1}$ 的数量级（例如，参阅文献［KIT 98］）。平均自由程 l_{ph} 取决于两个过程：声子 - 声子（倒逆过程）和声子 - 缺陷相互作用。在固体材料中，因为声子的位移不受几何极限的限制，声子的自由程只取决于它们的密度和结晶质量。在完美的晶体中，声子的密度决定了自由程，因此也就是温度决定了自由程。例如，在室温的单晶硅的情况下，声子的平均自由程约为 40nm。

其结果是，需要小几何尺寸（即接近或小于固体材料中预测的平均自由程）的结构将改变声子的平均自由程，并因为几何边界而影响材料的热导率。对于硅纳米线来说，其直接后果是它们在热导率上相对于固体晶体中的预计值上的降低(见图4.2)。这一现象与导致声子碰撞的其他机制一样明显，尤其是不怎么存在的声子-声子相互作用（见图4.3)。因此，硅纳米线和固体材料在电导率上的差异在低温域内被加剧。相反地，这里考虑的宽度（在室温下）相对于电子或空穴的平均自由程来说保持相对较高的值。因此，存在着热导率上的急剧下降，但在该尺寸的线内并没有破坏电导率。如将在后面所看到的，当纳米线被轻度掺杂时，这一情况不再属实。在这种情况下，电传导本身受到表面状态的影响。本书将在讨论硅纳米线中压阻效应时回到这一点。此外，对于非常小的直径——小于5nm——量子限制现象似乎大幅度地对价带和导带进行了修改。

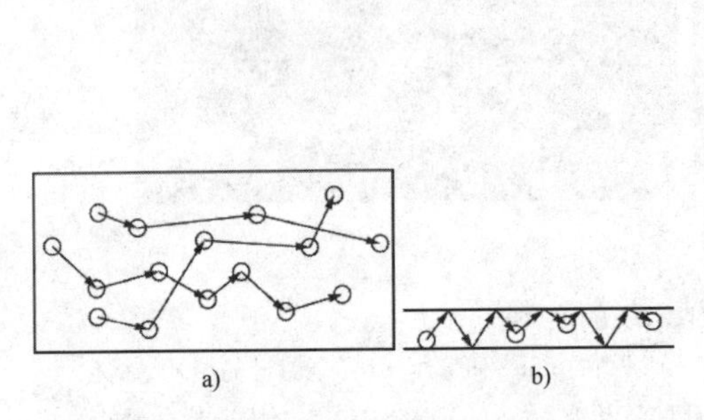

图4.2 声子的传播与碰撞
a）在固体晶体中 b）在纳米线中

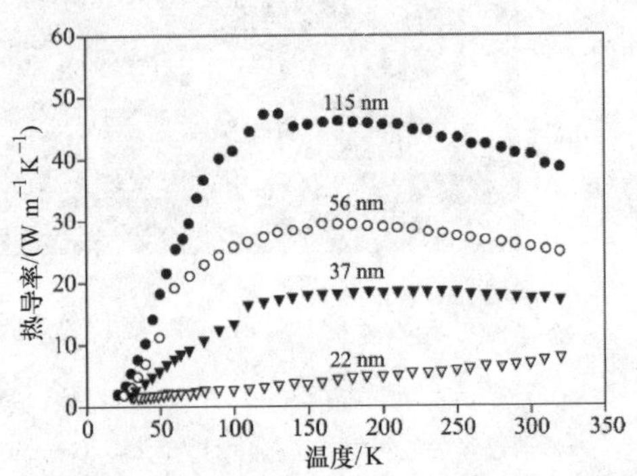

图4.3 不同直径的单个纳米线的热导率与温度的关系文献（图片取自文献［LI 03］)

下面将简要地介绍纳米线中的热电性能。传统地，固体热电材料使热流能够被转换成电功率，反之亦然。例如，当性质不同的两种导电材料处于不同温度时，在两种材料形成的节点终端上电压的出现对应于塞贝克效应。珀尔帖效应可以与互惠效应进行比较。热电材料的效率由它的品质因数ZT（无量纲因数）所表征，这是一个表征转化率（在生成热流处消耗的电功率的比率）的恒定参数：

$$\mathrm{ZT} = S^2 \sigma T / \kappa \tag{4.3}$$

式中，S是材料的特征塞贝克系数；σ和κ分别是电导率和热导率。

一种高效的材料将具有最高的可能的ZT因数。

ZT的表达式表明，在热导率κ被最小化的同时，功率因数$S^2\sigma$必须被优化［见式（4.1）和式（4.2)］。因此，有必要尽量使用同时是良好的热绝缘体和良好的电导体的具有高热电功率的材料（见图4.4)。这些材料通常是基于半导体或稀土的合金，从而使参数$S^2\sigma$和κ可以被优化（例如，参阅文献［SNY 08］和文献［ROW 05］)。热电功率S正比于费米能级的态密度的导数。利用材料纳米结构化，从而获得具有较低维度（二维到零维）[DRE 07]的材料。它们的态密度函数具有更陡的坡度（见图4.5)，因此改善了热电功率。在文献［HOC 08］中，作者阐明了相对于单晶硅中的宏观节点，纳米线的热电效率⊖被恶化（见图4.6）。在这个例子中，作者使用了一维的粗糙材料（在线直径的尺度上，见图4.6a），这使得所有参数都可以被优化（S、$S^2\sigma$ 和 κ）。如前面已经解释的，与三维硅相比，纳米线的热导率因此被降低（见图4.6c）。此外，粗糙度使得声子在表面上的散射被增加（表面对热电阻的效率有着很大的贡献）。因此，其热电比 S 比无粗糙度的纳米线更有利于ZT。

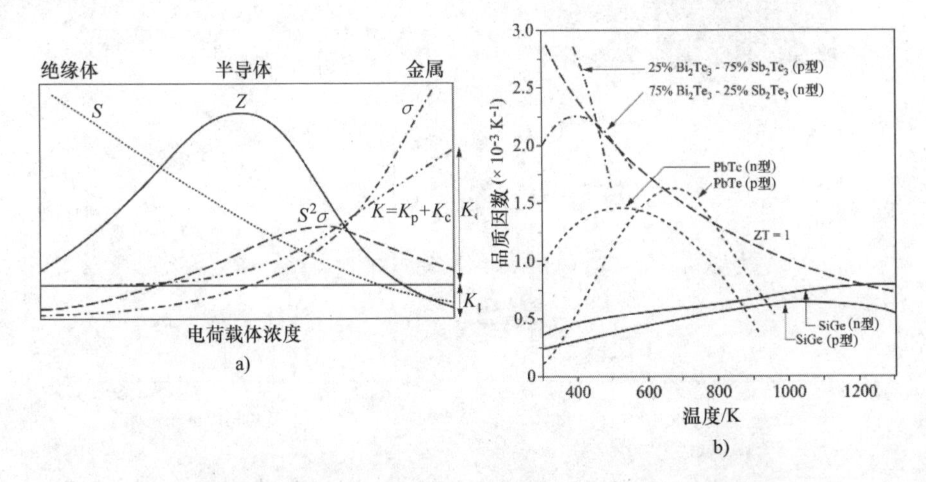

图4.4 热电材料

a）热电功率、电导率和热导率与载流子浓度的关系：半导体材料效率更高，其热导率在强电导处较低

b）典型热电材料ZT与温度的关系：基于半导体或稀土的合金

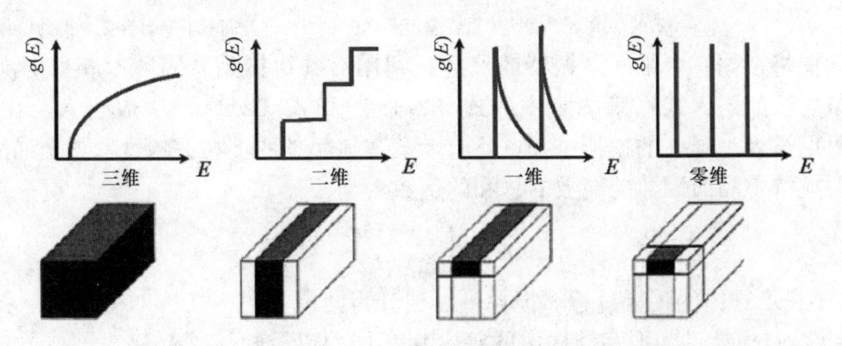

图4.5 三维材料（经典材料）、二维材料（平面结构）、一维材料（纳米线）和零维材料（量子盒）的态密度（引用自文献［DRE 07］）

⊖ 在纳米线中观察到的热电效应对应于William Thomson（和Lord Kelvin）发现的汤姆孙效应，这往往被错误地与塞贝克效应混淆。它解释了有热流通过的材料中电流的出现，而后者经受了一个温度梯度。相反地，热在经受温度梯度并有电流通过的材料内被创建。汤姆孙效应将前面的两个效应相连，在没有节点时也可以被应用。

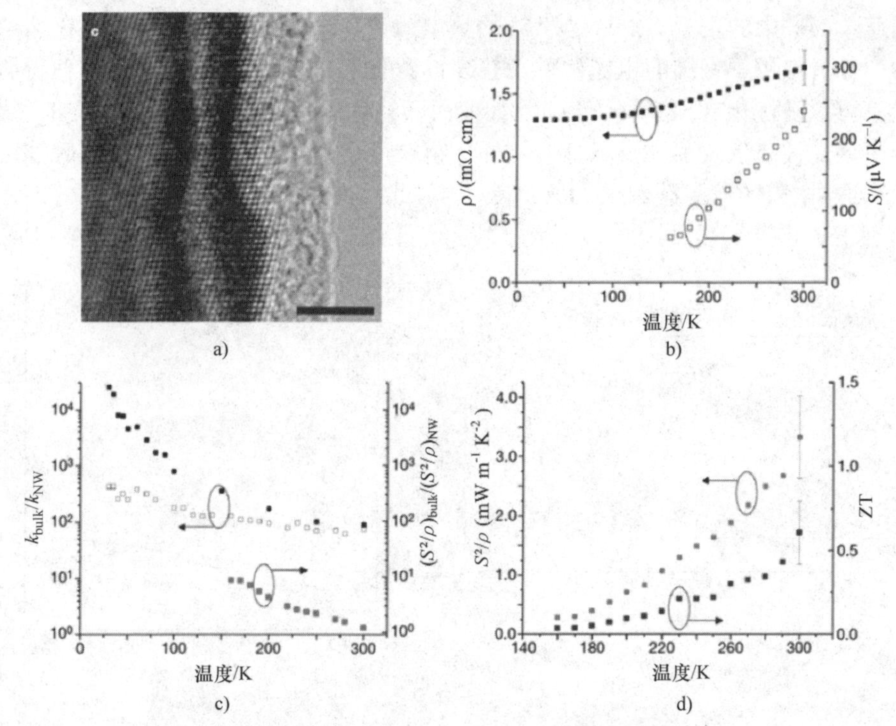

图 4.6 纳米线表面的粗糙度及其热电性能[HOC 08]

a）纳米线表面的 TEM 截面图（比例尺 = 4nm） b）计算的电阻率和热电功率与温度的关系：与热电功率相比，热阻率提高相对较少 c）三维固体材料与纳米线之间的对比：固有固体硅（实心圆）和强掺杂 $1.7\times10^{19}\ \mathrm{cm}^{-3}$ 固体硅（空心圆）的热导率比以及比值 $(S^2/\rho)_{\mathrm{bulk}}/(S^2/\rho)_{\mathrm{SiNW}}$

d）参数（S^2/ρ）和 ZT 的估值与温度的关系：室温下 ZT≈0.6，这与高温下复合合金获得的值相当

这里将根据一个纳米谐振器的尺寸，利用对其机械品质因数 Q 的快速研究总结本节。该品质因式在第 2 章中的式（2.13）和式（2.14）中被引入。在本章，流体阻尼被列为唯一的损耗过程。还有无数其他额外的不相关的过程。全局品质因数被写成特定品质因数的倒数的总和的倒数[LIU 05]：

$$Q = \left(\sum_i \frac{1}{Q_i} \right)^{-1} \tag{4.4}$$

式中，i 表示具体的损耗过程，损耗可以被分为两组：

- 固有损耗：为振荡结构中的基本相互作用以及缺陷（晶格表面或晶体内的缺陷）所固有。固有损耗构成一种最低的损耗，这是不可能降到更低的。

- 外部损耗：为振动结构本身和周围环境之间的相互作用所固有（锚定和流体动力阻尼处的损耗）。

4.1.1 固有损耗

4.1.1.1 声子/声子相互作用

声子/声子相互作用与 NEMS 振动时的热弹性损耗相关。如果由 NEMS 的振动频率设定的声波的长度比声子的平均自由程小，则可以在弹道域进行计算。在这种情况下，声振动可以被看作一个声频声子，内部损耗可以使用“热”声子和声频声子之间的弹性或非弹性碰撞进行建模。在散射域内，这种相互作用被定义为声子（类似于黏性气体）分布受到声波的局部扰动[BRA 85]。在完全连续的情况下，与声波相比，声子热化很快，使得它们被同化成热区和冷区之间的局部热流。该局部温度梯度由振动导致的体积变化所产生。现在正处于热弹性极限，这被 Zener[ZEN 38]所研究。在这种情况下，品质因数被表达如下：

$$Q_{\mathrm{th}}^{-1}=\frac{\omega\tau}{1+\omega^2\tau^2}\Delta \tag{4.5}$$

耗散的幅度为

$$\Delta=\frac{\alpha^2 TE}{C_{\mathrm{p}}}$$

式中，τ 是弛豫时间，对应于热流从拉长区向压缩区变化所需的时间，在弯曲梁的情况下，$\tau=\frac{e^2\rho C_{\mathrm{p}}}{\pi^2\kappa}$（$\rho$ 是密度，C_{p}是热容，κ 是热导率）。

4.1.1.2　电子/声子相互作用

对于强掺杂的纳米谐振器，结构的运动导致离子的振荡，从而产生一个振荡电场。金属中的电子可以被认为是电子气，与电场相互作用，并消耗能量。这些损耗来源于结构内的电子/声子相互作用，在高频下应该被考虑。

4.1.1.3　两级系统

具有两个能级的系统实际上是缺陷（杂质、污染和晶格缺陷）捕获声子的简化数学描述，该过程将声子从一个稳定的能级传递到另一个稳定的能级。

4.1.1.4　表面效应

小的物体的表面状态对于品质因数的值也发挥着主导作用。这些表面可以被不同的机制所影响，例如建立一个水桥、悬吊的化学键的产生或表面的氧化。表面损耗取决于制造过程（热处理、化学处理或粗糙度）。尽管如此，具有不同程度的成功的半经验模型已经被提出（见文献 [YAN 00] 和文献 [WAN 03]）。

4.1.2　外部损耗

4.1.2.1　流体相互作用

首先，梁所处的流体域必须被定义。考虑一个按照面外本征模态振动的纳米线，其几何形状在图 4.7 中被描述。如果始发于梁弯曲时的压力波的声波长 λ_g 远小于周围气体分子的平均自由程 λ_l，则该域为分子的。在极端相反的情况下，NEMS 处于一个经典黏性流体环境中。当它处于两个域之间时，该域被称为过渡域。这里将定义这两个概念，并在若干情况下比较它们的值，以供参考。空气中的声波长简单地说是其传播速度 c_g 与所考虑的频率的比值：

$$c_{\mathrm{g}}=\sqrt{\frac{\gamma R}{M}T}$$

$$\lambda_{\mathrm{g}}=\frac{c_{\mathrm{g}}}{\nu_{\mathrm{T}}} \tag{4.6}$$

式中，γ 是比热c_{p} 与 c_{v}的比值；R 是气体的摩尔常数；M 是摩尔质量（对于空气来说，$c_{\mathrm{g}}=343\mathrm{m\ s^{-1}}$）。

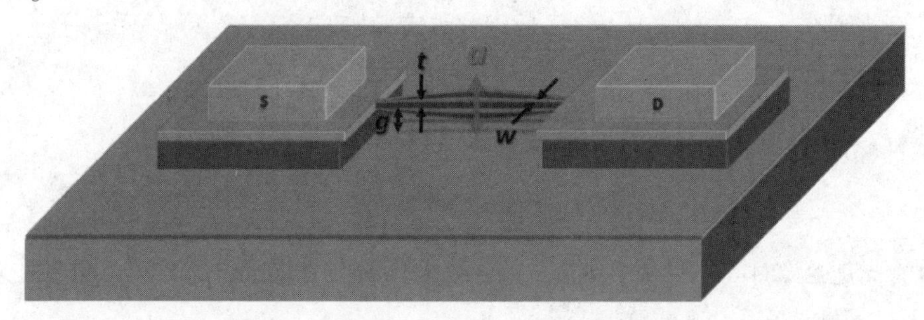

图 4.7　考虑的几何形状和使用的符号：t 和 w 是沿基板垂直方向上振动的梁的厚度和宽度，g 是梁距离基板的距离，a 是振幅。本图的彩色版本请参见 www. iste. co. uk/duraffourg/nems. zip

不利用来自统计物理的计算来定义形成气体的分子的平均自由程是不寻常的。但仍然可能通过对一个直径为 d_0（分子直径）的硬球体进行建模来定义 λ_l的近似形式[CAL 85]：

$$\lambda_l=\frac{k_{\mathrm{B}}T}{\sqrt{2}\pi d_0^2 P} \tag{4.7}$$

在环境压强（1013 hPa）下，（氮的）平均自由程为90nm。图4.8 示出了一个构成空气的氮分子的依赖于压强的平均自由程λ_l，并与两个具有不同尺寸的梁（$L=5\mu\mathrm{m}$、$w=200\mathrm{nm}$、$t=160\mathrm{nm}$、$f_0=56\mathrm{MHz}$ 和 $L=0.66\mu\mathrm{m}$、$w=50\mathrm{nm}$、$t=50\mathrm{nm}$、$f_0=1\mathrm{GHz}$）的弯曲声波长 λ_{T}进行了比较。粗略地说，可以认为在压强低于 λ_l和 λ_{T}曲线交叉所对应的压强时达到分子域。根据这一标准，对于高于 10Torr（1Torr = 1/760atm）[㊀]的环境压强达到分子域。当尺寸较小时（即谐振频率高），分子域达到得更快。当空间与平均自由程 λ_l相比较小时，气体的稀薄域还可以在受限的空间内达到。在这种情况下，流体域由克努森数 Kn 所表征，这是 λ_l和分离距离 g（纳米梁和固定部分之间的间隙）之间的比值。根据 Kn，式（2.12）中的阻尼力 $F_{\mathrm{d}}=b\dot{y}$将采用不同的方法计算[GAD 99,ZHA 12]。从这一定义，可以定义 5 个流域（见图 4.9）。当 Kn 小于 10^{-2}时，流域是连续的，可以通过经典动力学定律（欧拉或纳维耶 - 斯托克斯方程）进行描述。当 Kn 为 $10^{-2}\sim 1$ 时，稀薄气体一定已经提前被考虑。尽管如此，通过将气体的切向速度跳跃（称为“滑流”域）设定为限制的条

㊀ 1Torr = 133. 322Pa；1atm = 101325Pa = 101. 325kPa。——译者注

件，用于计算流体力学阻尼力的经典机制被认为仍可以被使用。要求流体的速度在壁上为空值（传统情况）的限制条件实际上被滑移边界条件所取代。该计算导致力的表达式具有 g^{-1} 的变化规律，而不是传统的 g^{-3} 的变化规律。Siria 等人已经利用实验证明了这一针对小间隙㊀因为稀薄气体而导致的域内的变化 [SIR 10, SIR 09]。图 4.10 示出了从这些实验学到的主要经验教训。如理论中所预测的，品质因数主要由流体损耗所主导，遵循 g^{-1} 的规律。第二种方法是对周围的气体的黏度 μ 应用一个加权项。这一项根据 Kn 写出，并依赖于 Kn 所属的间隔 [VEI 01]。

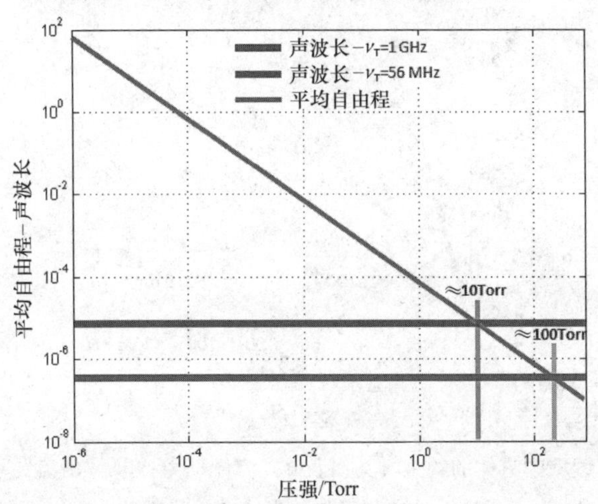

图 4.8　氮分子（构成空气）的平均自由程与声波长之间的比较：对于在 1GHz 振动的梁，环境压强为 100Torr 时达到分子域；对于在 56MHz 振动的梁，环境压强为 10Torr 时达到分子域。本图的彩色版本请参见 www.iste.co.uk/duraffourg/nems.zip

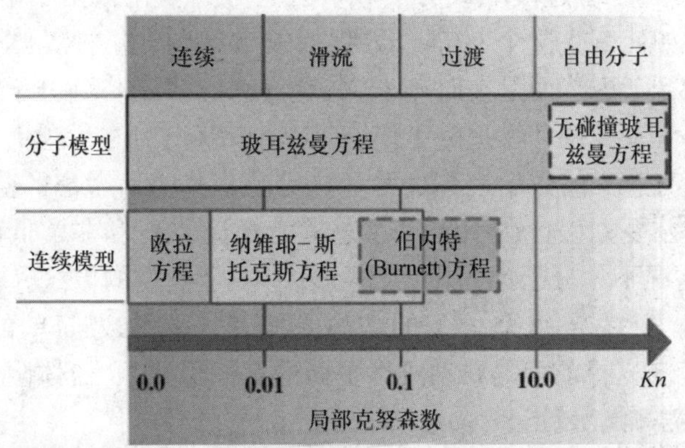

图 4.9　不同流域与克努森数的关系（来自文献［ZHA 12］）。本图的彩色版本请参见 www.iste.co.uk/duraffourg/nems.zip

㊀ 该计算在纳米结构不发生振动的准统计情况下作出。例如，它被应用到纳米加速度计。

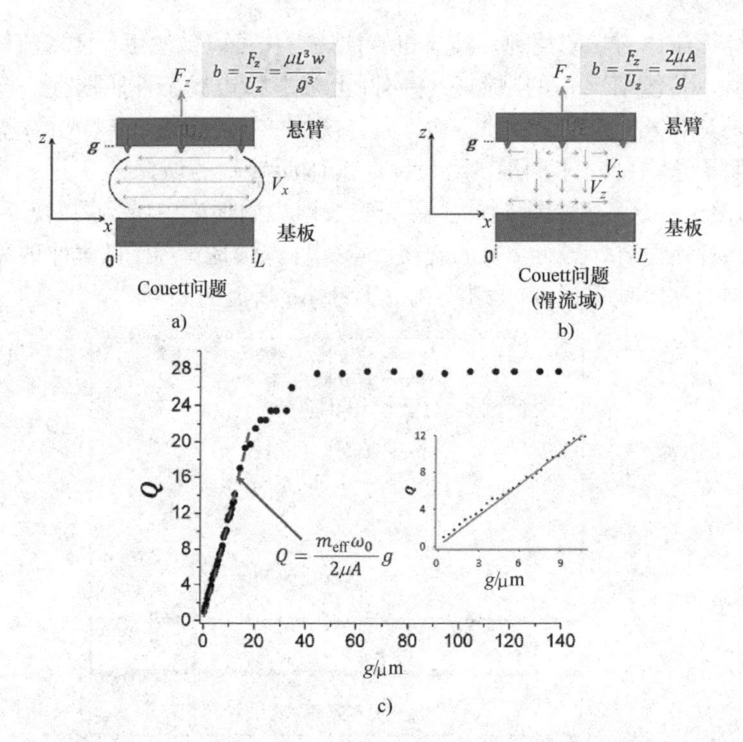

图 4.10 a）连续域中流体的约束方案以及 d^{-3} 流体动力 b）“滑流”域中流体的约束方案以及 d^{-1} 流体动力 c）通过干涉法测得的纳米膜的品质因数，光由面向 NEMS 的光纤提供；光纤与 NEMS 之间的间隙 d 为变量（图片引用自文献［SIR 09］）。本图的彩色版本请参见 www. iste. co. uk/duraffourg/nems. zip

当 $Kn \gg 1$ 时，处于过渡域或分子域，只有分子模型被用于解决 N 体的问题。统计方法介绍了如何解决这个 N 耦合方程的复杂问题。每种气体分子的运动轨迹没有被直接地进行考虑，而是在时刻 t，位置（x，v）处找到分子的概率密度。读者可能会发现参考有关统计物理的工作［ZHA 12］以获得对本话题更为深入的了解较为实用。在若干有意义的数学运算之后（这已超出本书所考虑的范围），被整合的一般形式是玻耳兹曼方程。在小体积（通常为微流体）和非常低的整合持续时间（约为 1ns）的情况下，分子动力学方法可以以一个确定的方式，在必要时通过考虑量子力学定律㊀，决定每个分子的位置和速度。在极为简单的情况下（见图 4.9b 中描述的代表支撑前面的移动刚性平面的几何形状），流体阻尼固有的品质因数可以通过解析法确定［BAO 02］。

4.1.2.2 支撑内的机械能耗散

当该纳米梁根据这些弯曲本征模态中的一个振动时（见 2.1 节），一些弹性能量

㊀ 哈密尔顿相互作用（分子/分子和分子/固体限制）与 Lennard - Jones 势相似，例如，哈密尔顿对应于分子的内部能量（原子的相对转动和相对振动）。

被传递到支撑上。换句话说，在梁的振动模态和能够在支撑内传播的弹性波的本征模态之间存在着耦合。在一般情况下，耦合率不能被解析计算。对应于梁的弯曲和声波在支撑内三维空间的传播的耦合方程必须被同时求解。因此，有必要使用基于有限元方法（FEM）的动态数字模拟。当梁较薄时（厚度 ≪ 支撑内传播的横向声波的波长），计算可以在梁的面的二维空间内进行。假设耦合因为梁较薄而仍然很低，微扰方法可以被用于求解该方程。像表面缺陷导致的损耗的情况，具有不同程度的成功的半经验模型已经被引入（例如，参阅文献 [YAN 00]）。

以下各节将对两个象征尺寸减小效应的物理现象提供更多的细节：①卡西米尔力，对 NEMS 是外在的，主要取决于间隙 g（见图 4.7）；②电传导的修改及其相关的压阻效应，对 NEMS 是固有的。本书将专注于光学机械系统。在第 1 章中简要讨论的量子效应和反作用将在这种情况下进行讨论。

4.2 纳米结构中的近场效应：卡西米尔力

4.2.1 卡西米尔力的直观解释

卡西米尔力是真空的量子波动效应能够在宏观世界观察到的物理表现之一。该力在 1948 年由卡西米尔算出 [CAS 48]，并由 Lamoreaux 带领的研究团队在 1997 年第一次精确测得 [LAM 97]。此后它成为广大理论与实验研究以及出版物的对象 [LAM 07b, KLI 09]。两个完全平行的、具有完美电导率的、分离距离为 d 的、不带电的、半无限无粗糙度的板之间的每单位表面上的卡西米尔力 F_c 表达如下：

$$F_c = \frac{\pi^2 \hbar c}{240 d^4} \tag{4.8}$$

式中，c 是光速；$\hbar$ 是普朗克常数，这是该力的量子起源的标志。

卡西米尔力是存在于两个相互作用平面之间的吸引力。它起源于真空的量子波动。量子力学中的真空对应于场处于其最低能态时的物理状态，无论其性质如何。电磁场根据其本征模态分解，这些本征模态均如同能量为 U_l 的谐振子，使得其总能量 U 可书写为（场的第二次量化，例如参阅文献 [GRY 10]）

$$U = \sum_l U_l = \sum_l \left(n_l + \frac{1}{2}\right)\hbar\omega_l \tag{4.9}$$

式中，n_l 是模态 l 的量子数，亦称为处于波的脉动 ω_l 的光子。在这种方法中，电磁量子真空对应于一个零光子场状态 $n_l = 0$，最小能量 $U = \sum_l \hbar\omega_l/2$。

为了加深理解，任何单色场 E_l 都可以利用余弦和正弦正交的两个组分重新书写为

$$E_l = E_1 \cos(\omega t) + E_2 \sin(\omega t) \tag{4.10}$$

这些正交的组分具有为空的平均值，但是标准差 ΔE_1 和 ΔE_2 不为空，从而验证了以下不确定性[㊀]：

$$\Delta E_1 \Delta E_2 \geqslant E_0^2 \tag{4.11}$$

式中，E_0^2 是等于 $\hbar\omega_l/2$ 的最低能量。此外，式（4.11）表示正交的两组分不能被完美地同时限定。这一模态 l 的最低能量 E_0^2 对应于一个无边界空间中的真空波动的能量（无光子）。

解释两平面之间卡西米尔力的第一个直观方法如下。该两平面构成一个 Fabry – Pérot 型共振腔（见图 4.11a）。该光学腔作为一个光谱滤波器，其中只有该腔的本征模态 ω_c 才能存在。这一光谱滤波由图 4.12b[㊁]中示出的传递函数 f 所描述。该腔的本征模态 ω_c 正比于 $c/2d$（c 是自由传播中的光速）。该光学腔作为一个光谱滤波器只保留了本征模态 ω_c，由腔外的真空量子波动施加的压强 P_{out} 大于腔内波动引起的压强 P_{cav}（见图 4.11b）。因此，两个平面趋向于彼此靠拢。该压强差为卡西米尔力的来源。

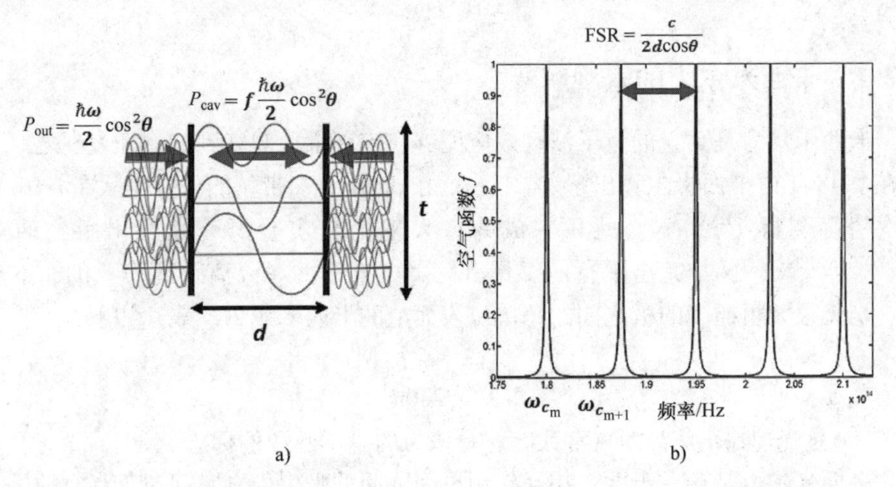

图 4.11 a）Fabry – Pérot 型光学腔的方案。P_{out}：一套自由模态所施加的外部压强；P_{cav}：由腔的本征模态施加的内部压强；光学腔作为一个过滤器，只保留角频率正比于 $c/2d$ 的本征模态，内部压强低于一套波动模态所施加的外部压强；已经将过滤纳入考虑的空气函数代表了光学腔的能量传递函数 b）空气函数 f；FSR：分离两个连续的光学本征模态的自由光谱范围。本图的彩色版本请参见 www.iste.co.uk/duraffourg/nems.zip

4.2.2 问题

下面的问题引发了很大的争论：卡西米尔力的确是在纳米系统中真正可见的一

㊀ 这种不确定性类似于海森堡定义的不确定原理。

㊁ 此处原书有误，不应为图 4.12b，应为图 4.11b。——译者注

个限制因素吗？对于这里所介绍的如此小的结构，这个问题值得一问。鉴于NEMS结构的特征尺寸与原子尺度相比通常仍然比较明显，严格地讲，当一个机械结构与一个固定部件（见图4.7）分离的距离小于200nm时，卡西米尔力应该被考虑在机械方程中。尽管如此，用于计算卡西米尔力的形式必须从针对厚的金属镜的理论背景向不同水平掺杂的薄层硅进行调整。考虑到卡西米尔力的完美表达式的前兆研究已经在文献中被发表（例如，参阅文献［BAT 07，DIN 01］和文献［GUO 04］）。将介绍适应于硅NEMS的力的公式化，这使得其对动态操作的影响能够被更好地预测。在加速度计上测量该力的几个例子将被介绍。

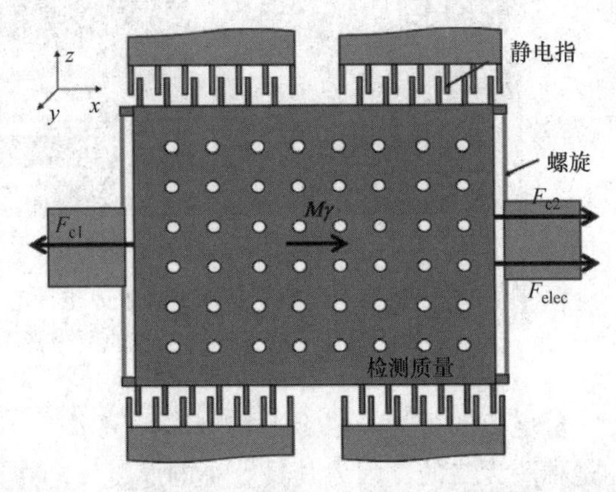

图4.12　加速度计的方案（检测质量有孔，使下面的牺牲层可以被去除，并因此被悬挂）和存在的力的定义——卡西米尔力F_{c1}和F_{c2}，静电力F_{elec}

该结构如图4.12所示。加速度计由一个通过4个弯曲手臂固定到基板上的可自由移动的检测质量构成，弯曲手臂被作为4个一维弹簧使用。加速的结果是，加入到质量上的静电梳相对于相互作用的固定梳发生了移动。因此，加速度被通过静电梳之间的电容变化测得。该物理和形态特征在表4.1中进行了总结。

表4.1　纳米加速度计的典型特征（见图4.13）

整体结构	厚度/mm	160
检测质量	宽度/mm	75
	长度/mm	150
弯曲梁	宽度/mm	50
	长度/mm	5
	数量	4~6
静电梳	数量	4
静电指	宽度 w/mm	100
	长度 l/μm	5
	间隙 d/nm	100
	数量	125
	掺杂/cm^{-3}	10^{20}

该部件被在一个绝缘体上硅（SOI）晶片上制造。结构化被通过混合电子束/深UV（DUV）光刻和等离子刻蚀实现。图4.13a和b示出了最终结果的扫描电子显微镜（SEM）照片。静电部分已被掺杂约10^{20} cm^{-3}。有关制造工艺的更多细节，请参阅文献［AND 06］。

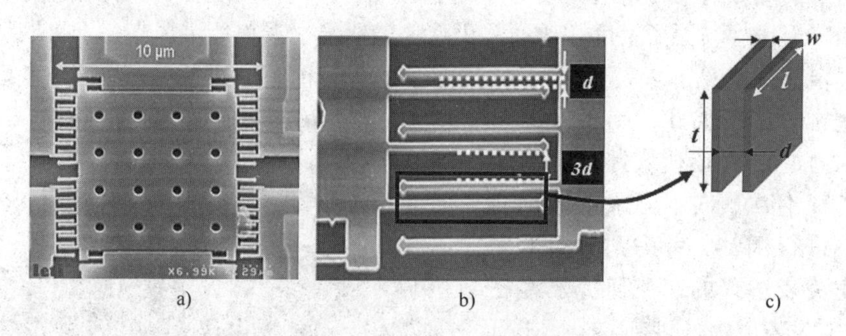

图 4.13 a）从一个典型加速度计上方拍摄的 SEM 照片 b）静电指的放大图
c）被认为是构成光学谐振腔的两个光学镜的两个相互作用齿的方案

静电梳的行为类似于平均分离距离 d 为 100nm 的相互作用反射镜的网络。它们是独一无二的，因为其具有小的厚度 w，并且结构材料为掺杂硅。在每对镜子之间存在着卡西米尔力，这往往将它们拉得更近。该力的合力作用在移动部件上（检测质量）。因此，其值被与其他力（机械的和静电的）的值进行了比较。

4.2.3 两个硅板之间卡西米尔力的严格计算

利用这个简单（并优雅）的卡西米尔力表达式进行的 NEMS 内的卡西米尔力的唐突的计算给出了和现实非常不同的数值。事实上，在大多数情况下，尤其是在纳米加速度计中，平板具有较低的厚度。顺便说一下，该厚度必须与趋肤深度作比较，不过将在稍后返回到这一点。硅也远非理想的导体，这是需要被包括到计算中的重要参数。至于粗糙度，其方均根（RMS）值必须与间隙 d 的平均值进行比较[NET 05a, NET 05b]。如图 4.14 所示，对于 100nm 的间隙，1nm 的粗糙度很低，导致与

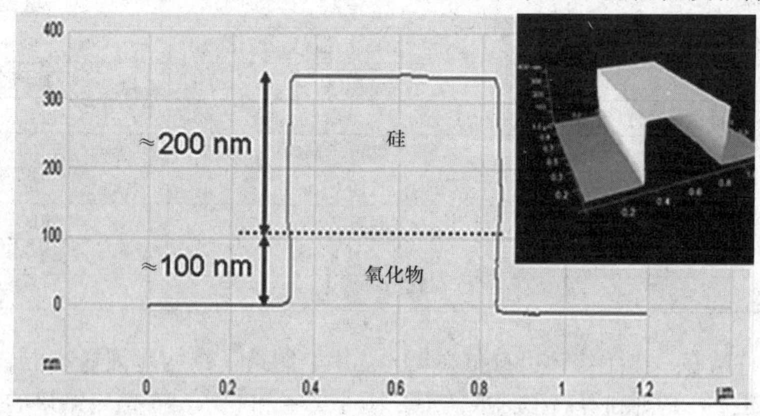

图 4.14 氧化物上一个硅指的形态（三维 AFM）——一个静电指的原子力显微镜（AFM）照片（图片来自 LETI）。本图的彩色版本请参见 www.iste.co.uk/duraffourg/nems.zip

其他贡献相比，对式（4.8）中给出的所谓的理想力的纠正可以忽略。温度的影响没有被包含在此研究中，因为对于明显低于室温下的热波长 7μm [BOS 00, KLI 09] 的距离（平均间隙为 100nm）来说，该影响很小。

为了考虑“理想”卡西米尔力的衍生物，修正系数 η，也就是考虑到板子特征（掺杂硅和板厚 w）的实际压强与式（4.8）中给出的压强之间的比值，通常被定义为

$$n=\frac{<\hat{P}>}{F_{\mathrm{c}}} \tag{4.12}$$

式中，$\hat{P}$可以被解释为施加到两块板形成的光学腔上的真空的量子波动的压强的合力（施加到腔上的内部和外部压强）。

S. Reynaud 开发了一个计算 $\hat{P}$ 的非常优雅的方法，为了便于计算，该方法基于复平面内定义的积分计算：

$$\begin{aligned}\eta &= \frac{120}{\pi^4}\sum_m \int_0^{+\infty} dKK^3 \int_0^K \frac{\mathrm{d}\Omega}{K} f(r_m^2, K, x)\\ f(r_m^2, K, x) &= \frac{r_m^2(1-e^{-2x})^2 e^{-2K}}{(1-r_m^2 e^{-2x})^2 - r_m^2(1-e^{-2x})^2 e^{-2K}}\end{aligned} \tag{4.13}$$

式中，K 是由一个投影到传播轴 z 并归一化的返回或往返行程所产生的光学相移；Ω 是归一化脉动；x 的表达式对应于各板中在 d 处归一化的相位项。

$r_{\mathrm{s,p}}$分别是偏振 s 和 p 的空气/硅和硅/空气的折光度处的强度反射系数：

$$r_{\mathrm{p}}=\frac{\sqrt{K^2+\Omega^2(\varepsilon-1)}-\varepsilon K}{\sqrt{K^2+\Omega^2(\varepsilon-1)}+\varepsilon K}\quad r_{\mathrm{s}}=\frac{\sqrt{K^2+\Omega^2(\varepsilon-1)}-K}{\sqrt{K^2+\Omega^2(\varepsilon-1)}+K} \tag{4.14}$$

在精确获知几何结构和介电函数 $\varepsilon(\omega)$的情况下，对式（4.13）进行了数值计算。因此，最终阶段包括根据掺杂定义这一特征。贡献于 $\varepsilon(\omega)$的演变的两个主要的物理机制是电荷载体/辐射的相互作用和晶体/辐射的相互作用。由掺杂所带来的电荷类似于一个给定有效质量的电子气，其贡献由 Drude 模型给出了较明确的定义。结晶的贡献由表列数据（折射率和吸收系数）计算得到 [PAL 85]：

$$\begin{aligned}\varepsilon(\omega) &= \varepsilon_{\mathrm{intrinsic}}(\omega) - \frac{\omega_{\mathrm{p}}^2}{\omega(\omega - i\gamma)}\\ \omega_{\mathrm{p}} &= \sqrt{\frac{Ne^2}{\varepsilon_0 m^*}} = \frac{2\pi c}{\lambda_{\mathrm{p}}}\\ \gamma &= \frac{Ne^2\rho}{m^*}\\ \varepsilon_{\mathrm{intrinsic}}(\omega) &= \varepsilon_1(\omega) + i\varepsilon_2(\omega)\end{aligned} \tag{4.15}$$

式中，ρ 是硅的电阻率；N 对应于所考虑的掺杂水平；ω_{p}（等离子体频率）和 γ（弛豫系数）通过考虑 p 掺杂的电子的实际传导质量$m^*=0.34\,m_{\mathrm{e}}$（m_{e}是电子的质

量）计算得到[DUE 06]。

表4.2给出不同浓度硼原子（p掺杂）的等离子体频率。

表4.2 不同掺杂浓度的等离子体频率和松豫系数

掺杂	$\omega_p(\times 10^{12}\,\text{rad s}^{-1})$	$\gamma(\times 10^{13}\,\text{s}^{-1})$	$\rho/(\Omega\ \text{cm})$
$1.1\times 10^{15}\,\text{cm}^{-3}$	3.20	1.182	13
$1.3\times 10^{18}\,\text{cm}^{-3}$	110.18	3.760	3.5×10^{-2}
$1.4\times 10^{19}\,\text{cm}^{-3}$	361.59	7.688	6.8×10^{-3}
$10^{20}\,\text{cm}^{-3}$	966.38	9.918	1.2×10^{-3}

最后，假设半导体不退化，式（4.15）给出了介电函数的良好表示。亟待完成的是通过应用 Kramers - Kronig 关系在复平面内如下定义介电常数：

$$\varepsilon(i\xi) = 1 + \frac{2}{\pi}\int_0^{+\infty} \frac{x\varepsilon_2(x)}{x^2+\xi^2}\mathrm{d}x \tag{4.16}$$

可以测试，当频率趋向于0时，在复平面内定义的本征硅的介电函数［式(4.16)］趋向于11.7，当频率趋向于无穷大时，该函数趋向于1（见图4.15）。为了将掺杂考虑在内，则需要将式（4.16）添加到 Drude 函数［式（4.15）］的虚部㊀。对于金进行了类似的计算使得能够声明掺杂为$10^{20}\,\text{cm}^{-3}$的硅的介电函数与金的函数有着类似的行为。这种材料被作为参考是因为它被深入地研究过，使得能够检验在硅上得到的结果。

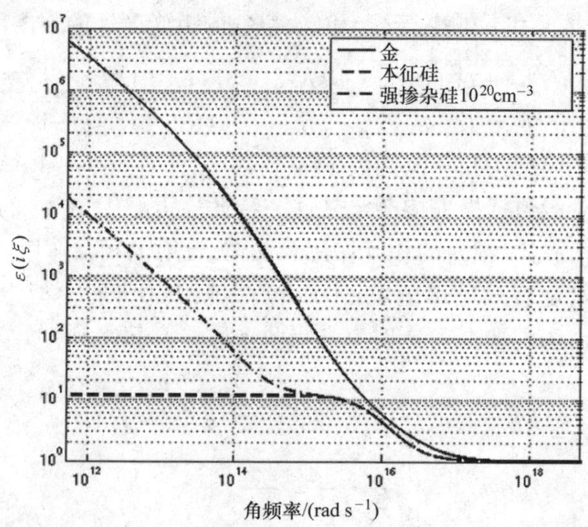

图4.15 本征硅和强掺杂硅（p型）的全局介电常数与复平面内角频率的关系［见式（4.15）和式（4.16）］——与根据列表数据计算的金的介电常数的比较[PAL 85]

考虑一个从低到高的较宽的频率间隔很重要，这使得所有对卡西米尔力有所

㊀ 还可以将本征介电常数和 Drude 模型的介电常数加起来，并在集合的虚部上实现 Kramers - Kronig 变换。两种方法是等效的。

贡献的模态都被考虑在内。特别是对于硅来说，似乎低于10^{12} rad s^{-1}的频率不再对该力有所贡献，因为起作用的能量可忽略不计。对于高于10^{18} rad s^{-1}的频率，板变得透明，它们对于卡西米尔力的贡献也趋向于0。最后，通过考虑几纳米到1μm的NEMS内的典型值，需要根据两个相互作用板之间分离的距离对理想力处的修正因数进行绘图（见图4.16）。

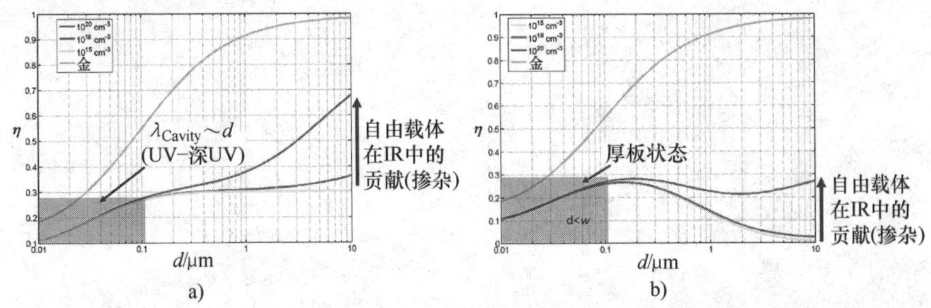

图4.16 a）与间隙值相比，厚板（10 μm）的修正因数与距离之间的关系——金被用作与不同水平硅掺杂相关的参考 b）与间隙值相比，薄板（100nm）的修正因数与距离之间的关系——研究了3种情况：中等掺杂硅、强掺杂硅和作为参考材料的金。本图的彩色版本请参见 www. iste. co. uk/duraffourg/nems. zip

考虑厚板的情况（见图4.16a）。对于宽的间隙，强掺杂硅的修正因数趋向于随着间隔距离而增加。本征硅趋向于一个渐近值0.3。对于低于100nm的较小的距离，这两条曲线靠拢到一起。对于较大的距离，掺杂水平对卡西米尔力有着较强的影响。由谐振腔选择的频率本质上正比于$1/d$。在较小的间隔距离，只有高频率（例如，对于10nm的深UV）被选择，而对于较大的距离，出现了红外光（IR）频率（例如，对于200nm的IR）。掺杂所带来的自由载流子对于IR作出贡献（通过ε（$i\xi$））。因此，可以很自然地指出掺杂的效果只对宽间距可见，使得IR内的本征波长起作用。如果需要使人信服，只需要记住等离子体频率，或观察图4.15中的低频部分。

现在将专注于薄板的修正因数η与分离距离之间的关系（见图4.16b）。除了掺杂，板的宽度对η的值有着巨大的影响。这一现象可以很容易地通过比较板的宽度（100nm）和所考虑频率处的趋肤深度δ_a进行解释[DUR 06,LAM 07]：

$$\delta_a = \frac{c}{\omega k_a} \tag{4.17}$$

式中，ω是角频率；c是光速；k_a是来自文献［PAL 85］列表数据中的材料的吸收系数。

针对3个研究案例（本征硅、强掺杂硅和金），δ_a被作图（见图4.17）。板的厚度也被标明以说明这一点。在较窄的谱带（5×10^{15} ~ 5×10^{16} rad s^{-1}）内，硅板的反射系数不可忽略。谐振腔只在这个频段有选择性。因此，相比于厚板的情况，卡西米尔力将减小。当板相距甚远时，这一效果更加清晰，因为考虑的频率将越来越低。与此相反，100nm 的金板将几乎在任何频率范围内反射，卡西米尔力将保持与厚板非常相似㊀。

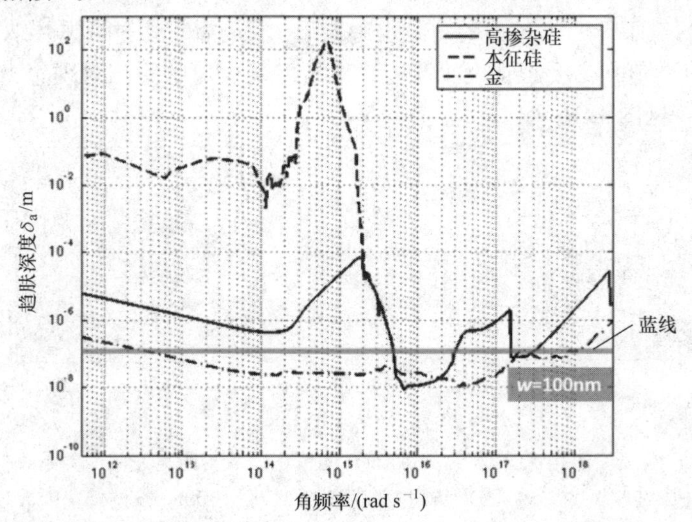

图 4.17　趋肤深度 δ 与角频率的关系——蓝线表示 NEMS 中发现的典型硅板的宽度，与δ_a对比（图片引用自文献［DUR 06］）

这些早期的结果[DUR 06]由 Lambrecht 领导的研究组完成[LAM 07a, JOU 09]。几何形状和掺杂的影响由图 4.18 中示出的三维曲线所概括。

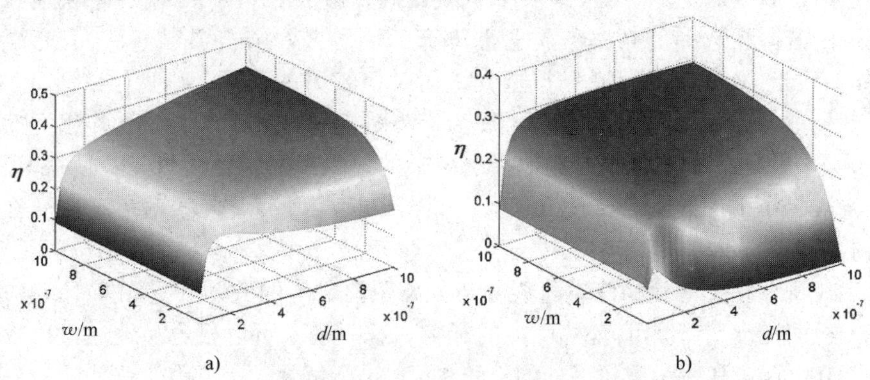

图 4.18　修正因数 η 与间隙 d 和板的宽度 w 之间的关系。本图的彩色版本请参见 www. iste. co. uk/duraffourg/nems. zip

a）强掺杂硅（$10^{20}\,cm^{-3}$）　b）本征硅

4.2.4 纳米加速度计内卡西米尔力的影响

在这一阶段的讨论，需要穿插一些“机械的”内容，并使应用到验证质量上的

㊀ 被“拒绝”的低频带来很少的能量，对该力只引起关于厚度的轻微的修正。在非常高的频率，不管厚度如何，金将变得透明，这将在薄板和厚板之间引起不大的区别。

力平衡相等[HEN 07]。这一计算出于说明的目的，因此将不寻常地对问题进行简化，认为验证质量集合和静电梳为刚性的，并且悬架无质量。因此根据牛顿定律得到

$$M\ddot{x} = M\gamma + F_{\mathrm{stiffness}} + F_{\mathrm{elec}} + F_{\mathrm{Casimir}} \tag{4.18}$$

式中，x 是验证质量重心的位移；γ 是需要测量的加速度；$F_{\mathrm{stiffness}}$、F_{elec} 和 F_{Casimir} 分别是机械悬挂的反应力、用于读取电容变化的静电力以及对一套静电梳计算得到的卡西米尔力［见式（4.12）和式（4.13）］。

根据几何形状、材料和电气参数对这些力进行表达，式（4.18）可以重写如下：

$$\begin{aligned} &-M\gamma + N_{\mathrm{p}}\left(\left(12.40\,\frac{EI}{L^3} + 1.22\,\frac{\sigma S}{L}\right)x + 0.74\,\frac{ES}{L^3}x^3\right) = \\ &-\frac{2NS\hbar c\pi^2}{240}\left[\frac{\eta(e_0+x)}{(e_0+x)^4} + \frac{\eta(3e_0+x)}{(3e_0+x)^4}\right] + \frac{2Ns\hbar c\pi^2}{240}\left[\frac{\eta(e_0-x)}{(e_0-x)^4} + \frac{\eta(3e_0-x)}{(3e_0-x)^4}\right] \end{aligned} \tag{4.19}$$

式中，N_{p}是所考虑的悬挂的数量；E、I、S 和 σ 分别是硅的弹性模量、梁的转动惯量、其横截面积和内部约束；ε_0 是真空的介电常数；x 是验证质量重心的位置；η 是式（4.19）中定义的卡西米尔力的修正因数。

这一高度非线性的方程是通过一个适当且强大的计算算法得以求解的。

根据不同情况下的加速，图 4.19 给出了验证质量重心的平衡位置。应该指出的是，对卡西米尔力的突兀的应用（无修正因数）将导致得出不存在稳定位置的结论。这一结论从未被实验证实过。通过在机械方程中引入实际的卡西米尔力（即包

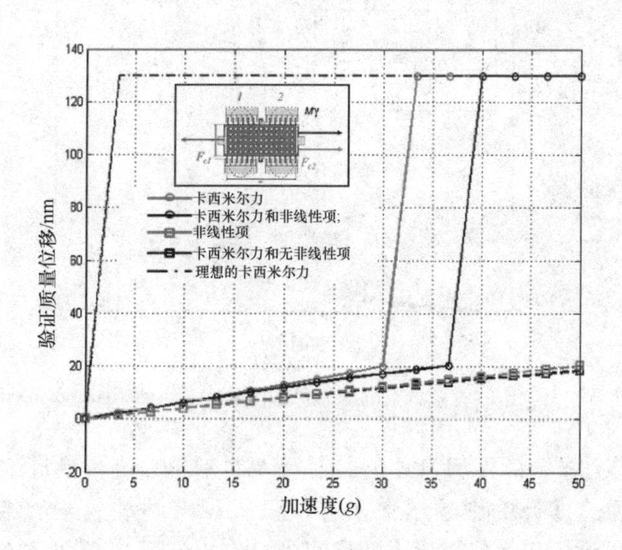

图 4.19　验证质量的平衡位置与加速度的关系。

本图的彩色版本请参见 www. iste. co. uk/duraffourg/nems. zip

含加权因数），理论加速度计的动态范围[⊖]跨度从 0 ~ 50g 变为 0 ~ 30g。通过包括非线性效应，这往往平衡卡西米尔力，最大可访问的加速度从 30g 移至 37g，与最初预测的 50g 相比，相当于 25% 的修正。

待研究的第二个参数是吸合电压，它导致静电梳相互结合。为了做到这一点，静电力必须被引入到先前的公式中，这是由读出电压诱发，从而使电容变化能够被评估：

$$N_{\text{beam}}\left(\left(12.40\frac{EI}{L^3}+1.22\frac{\sigma S}{L}\right)x+0.74\frac{ES}{L^3}x^3\right)=$$
$$N\varepsilon_0 SV^2\left[\frac{1}{(e_0-x)^2}-\frac{1}{(3e_0+x)^2}\right]$$
$$-\frac{2NS\hbar c\pi^2}{240}\left[\frac{\eta(e_0+x)}{(e_0+x)^4}+\frac{\eta(3e_0+x)}{(3e_0+x)^4}\right]+\frac{2NS\hbar c\pi^2}{240}\left[\frac{\eta(e_0-x)}{(e_0-x)^4}+\frac{\eta(3e_0-x)}{(3e_0-x)^4}\right] \tag{4.20}$$

式中，V 是应用到静电梳上的读出电压。

在与之前条件相同的情况下，图 4.20 示出了平衡位置与该读出电压的关系。再次，卡西米尔力产生了软化的力学效应，对机械非线性的硬化效应进行了平衡。可以看到吸合电压发生了 10% 的变化。似乎任何进行这一实验的人都发现，如果不采取许多预防措施，则很难观察到这一效果。

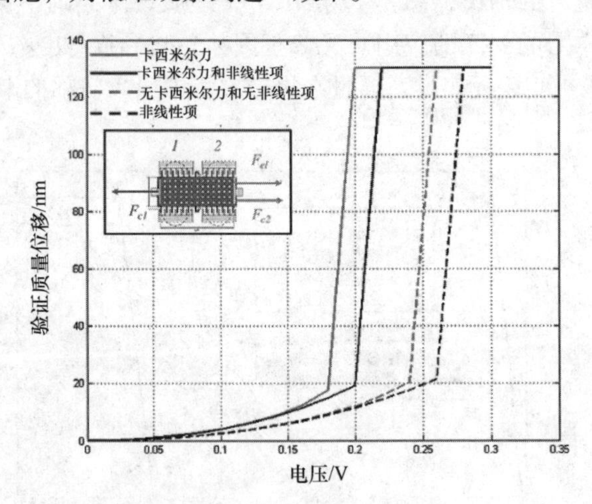

图 4.20 平衡位置与读出电压的关系。本图的彩色版本请参见 www. iste. co. uk/duraffourg/nems. zip

除了在原子力显微镜（AFM）仪器上对卡西米尔力进行测量[KLI 09]，卡西米尔力对于操作加速度计的影响从来没有被正式观察到过。一个样品（形态在图 4.12 中被提供）被置于氮气气流下的房间内，作为一个法拉第笼使用。氮气防止

⊖ 也就是结合之前达到的最大加速度。

静电梳的氧化和污染。电容变化与应用到一对静电梳上的驱动电压的关系利用一个阻抗仪 HP4284 进行测定。静电电容由一个施加到第二对静电梳上的设定为 1 V（峰 - 峰）1MHz 的交流（AC）读出电压读出。通过首先在开路中测量，随后在短路中测量进行校准，寄生阻抗被去除。读出频率比纳米加速度计的机械截止频率更高的决定被作出，使得纳米加速度计的动态响应几乎为零（作者也在寻求1/*f* 噪声的最小化）。积分时间被设定为 100ms。这些条件下测量的结果在图 4.21 中示出。测量的标称电容为 13.263aF，而理论电容为 13.615aF。对于一个在 0 ~ 0.2V 变化的驱动电压来说，电容变化为 40aF。测量链（包括 NEMS）的噪声被评估为 1aF。这些实验数据被与利用之前的机电模型（掺杂约为 $10^{20}\,cm^{-3}$）进行的理论计算进行了比较。包括一个 5MPa 应力的理论曲线似乎与测量匹配。话虽如此，内部机械限制似乎是真正可预测性的关键近似参数。最后，低驱动电压处的测量非常分散。

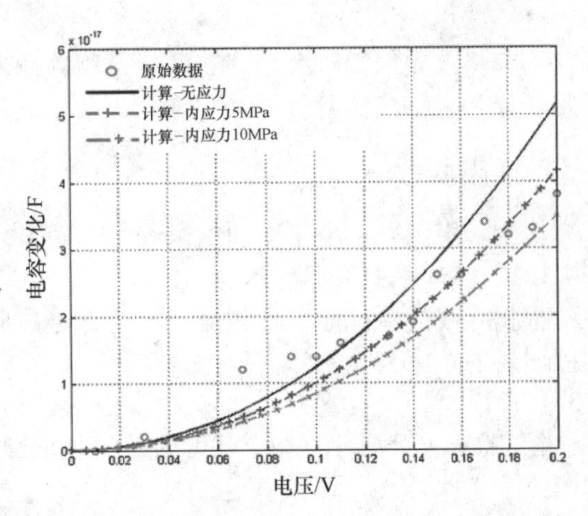

图 4.21　电容变化与读出电压的关系。本图的彩色版本请参见 www.iste.co.uk/duraffourg/nems.zip

4.2.5　本节小结

在前面的例子中，卡西米尔力的理论影响似乎很清楚。然而，实验上对其影响的示范还没有定论。造成这一情况的主要原因是电容的数值，这由设备的测量阈值所限制。因此，该影响部分归因于测量误差。最近，其他研究 [ARD 12] 通过测量电容变化更清晰地在加速度计中展示了该力的影响。卡西米尔力的影响已经在膜、板和开关上得到了更为广泛的研究 [GUO 04, BAT 07, PAL 05]。

此后，紧张的研究活动被开展，以研究如何利用材料的其他物理参数，通过修改卡西米尔力的数值或符号以控制卡西米尔力，例如表面粗糙度或纳米结构化 [ZHA 09, MUN 09, INT 13]。据了解，在布拉格光栅中的这一纳米结构化，根据衍射级对真空的波动场发生衍射，该衍射级是光栅间距的函数。只有对应于衍射级的式(4.13）中的波矢量 $\boldsymbol{K}$ 才有机会参与卡西米尔力。根据平面之间的距离，该力可以改变性质，从吸引力（连接）转变成排斥力（反连接），反之亦然。在极端情况下，该系统可以表现为一个振荡器。近年来，卡西米尔力还被在更奇特的超常材料类型光学材料的背景中被研究，使人们能够看到一个新的即将发生的与卡西米尔力相关的悬挂原理 [PAP 14, LAH 13]。

4.3 “固有”尺度效应的示例：电传导定律

本节将首先着眼于电导率，随后是用硅纳米线观察到的巨压阻率，然后将根据压阻转导和无结晶体管转导（见3.3.3节）之间的比较作出总结。

4.3.1 电阻率

再次考虑图4.1中示出的纳米线。不同工艺对电阻率的变化作出贡献。

4.3.1.1 载流子的耗尽

根据导线的横截面积，载流子的耗尽可以归因于较早或较晚发生的不同现象。按照出现的顺序：

4.3.1.1.1 消耗

在100nm以下，消耗很早就可见。它往往会减少有效传导横截面积（见图4.22），

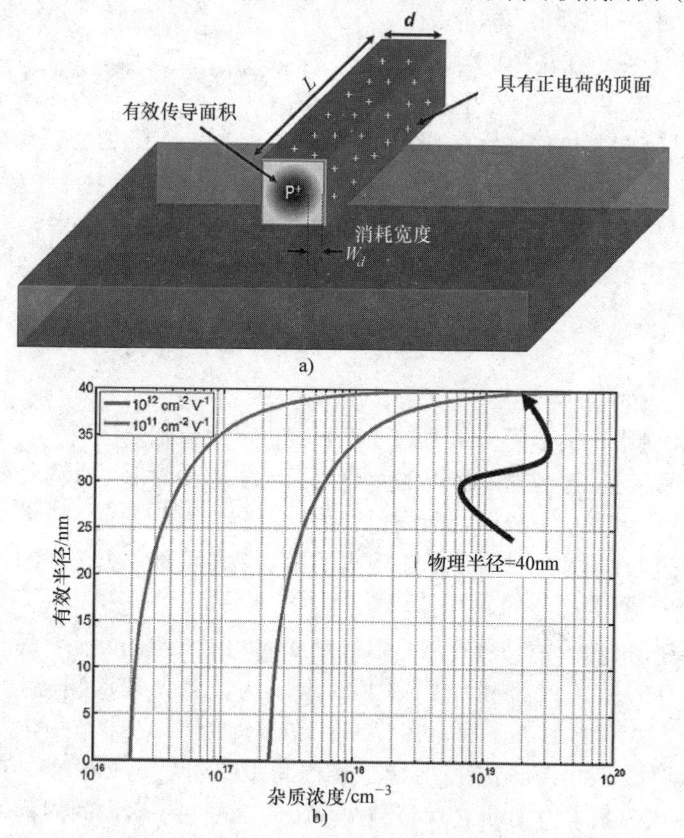

图4.22 悬挂纳米线的正方形横截面内的消耗效应。

本图的彩色版本请参见 www.iste.co.uk/duraffourg/nems.zip

a）电传导的示意图：导电被限制在纳米线的中心（深蓝色），消耗区在外围（浅蓝色）

b）对半径是40nm，具有两个表面陷阱浓度的纳米线计算传导半径与掺杂之间关系的示例。对于低掺杂，可以看出导线变得绝缘

从而似乎改变了导线的电导率（其物理横截面被作为传导横截面）：

$$R_{SNW}=\frac{\rho_{eff}L}{s}=\frac{\rho L}{s_{effective}} \tag{4.21}$$

式中，ρ 和ρ_{eff}分别是固体硅和纳米线的电阻率；s 和s_{eff}分别是导线的物理横截面积和考虑了消耗层宽度的有效横截面积；L 是长度。

对于硼掺杂的纳米线㊀，表面陷阱通常捕获正电荷，从而产生一个消耗区，其宽度w_d取决于硼的初始浓度和陷阱表面密度。当消耗层宽度变得与导线的直径相比不可忽略时，其视电阻率将增加。这一效应在图 4.22 中被图示化。换句话说，电流不是在纳米线的整个横截面内扩散，这增加了硅线的电阻，如图 4.22b 所示。对于构成 NEMS 的纳米线，它必须可以自由移动。在限定三维几何的制造阶段之后，它必须被释放，也就是说位于下面的材料必须被蚀刻（见图 4.23a）。在这个阶段之后，通常可以注意到纳米线的电阻已经增加（见图 4.23b）。测量表明，这一增加是由于纳米线表面状态的退化。表面上能够捕获电荷的杂质的浓度增加了。消耗区的宽度变得越来越大，特别是减少了有效传导横截面积，如图 4.23a 所示。

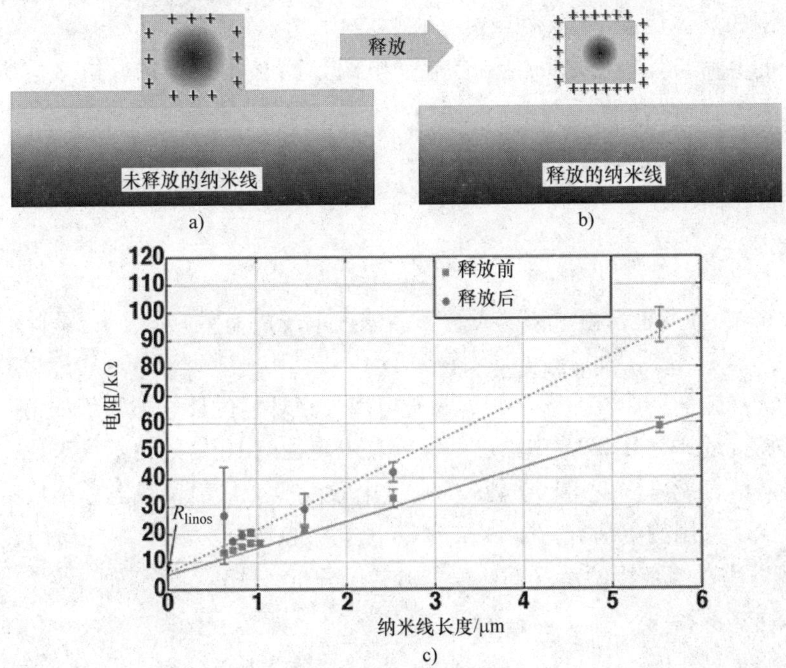

图 4.23　释放步骤对于消耗的影响。本图的彩色版本请参见 www.iste.co.uk/duraffourg/nems.zip

a）释放前由二氧化硅（SiO_2）包围的纳米线的导电横截面　b）同一纳米线在释放后的导电横截面：表面上的电荷浓度提高　c）释放前和释放后在一个（80×160）nm^2 纳米线上（掺杂为 10^{19} cm^{-3}）上测得的电阻与长度的关系：释放后，电阻有了明显的提升

㊀ 大多数载流子是空穴。

其他也可以有助于增加纳米线的电阻的效应是制造过程的结果：①在释放之后，物理横截面积可能被减少；②在较小程度上，悬空的纳米线可以呈现更粗糙的表面，这降低了表面上电荷载流子的迁移率。只要大部分的传导是在体积内实现的，这将是一个二阶效应。

4.3.1.1.2　掺杂剂的失活

这种现象倾向于减少对传导作出贡献的自由载流子的数量，并构成直径小于40nm时的第二个可观察到的效应。当考虑到掺杂剂杂质是一个图4.24所示的氢化系统时[DIA 07]，该失活机制可以很轻易地被解释。

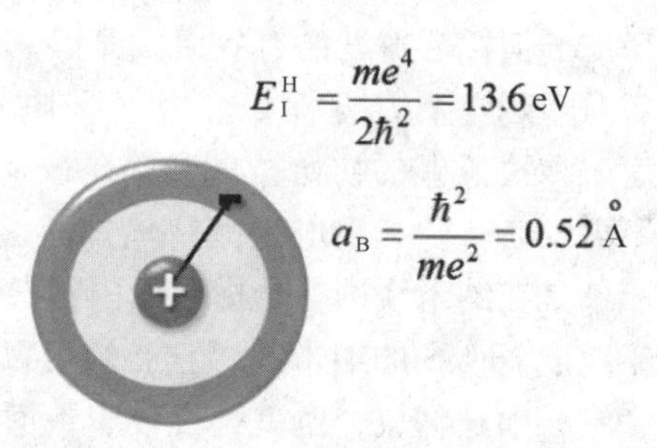

图4.24　氢化系统：a_B是玻尔半径；E_I^H是链路能量

注：1Å = 0.1nm = 10^{-10}m。——译者注

在宏观的情况下，当这种杂质在半导体晶体中被引入时，它会产生一个立即被屏蔽效应所减弱的电场，该屏蔽效应由这种杂质周围的晶体负载的位移所致。由杂质所带来的电荷与其核心之间的结合能（电离）E_I^0被半导体的介电常数所除，如下面的唯象方程所示：

$$E_I^0 = \frac{E_I^H}{\varepsilon_{Si}^2}\frac{m^*}{m}$$

$$a_B^0 = a_B\varepsilon_{Si}\frac{m}{m^*} \tag{4.22}$$

式中，m和m^*分别是自由电子的质量和晶体内电子的有效质量；ε_{Si}是硅的相对介电常数（$\varepsilon_{Si} = 11.7$）。

因此，掺杂剂杂质在室温下很容易被电离。在环境的体积非常低的情况中，通常对于直径接近式（4.22）㊀中给出的硼的玻尔半径的10倍的纳米线来说，静电屏蔽被减弱。结合能可以变得比热能k_bT高一个数量级。最终，热电离杂质的数量更低，这减少了可用的电荷载流子（空穴或电子）的数量。该电离能E_I已经被利用ab - initio方法在纳米线的情况下计算，然后用分析公式进行了近似[DIA 07, BJÖ 09]：

$$E_1 - E_I^0 \approx \frac{2e^2}{\varepsilon_{Si}d_{eff}}\frac{\varepsilon_{Si} - \varepsilon_{out}}{\varepsilon_{Si} + \varepsilon_{out}}F\left(\frac{\varepsilon_{Si}}{\varepsilon_{out}}\right) \propto \frac{1}{d_{eff}} \tag{4.23}$$

式中，F是文献［DIA 07］中给出的函数；ε_{out}是浸没纳米线的环境的相对介电常数；d_{eff}是考虑消耗效应后计算出的有效直径。

最后，通过依次解决以下方程（迭代算法）数字计算出电荷载流子的数量：

㊀ 为了尽可能严格，有必要对依赖于所考虑的掺杂的德拜波长进行比较（例如，对于10^{15} cm^{-3}来说λD约为130nm，对于10^{19} cm^{-3}来说λD约为1.30nm）。

$$
\begin{aligned}
N_{\mathrm{d}}^{+} &= N_{\mathrm{d}} \frac{1}{1+2e^{(E_{\mathrm{F}}-E_{\mathrm{d}})/k_{\mathrm{B}}T}} \\
N_{\mathrm{a}}^{-} &= N_{\mathrm{a}} \frac{1}{1+1/4e^{(E_{\mathrm{a}}-E_{\mathrm{F}})/k_{\mathrm{B}}T}} \\
E_{\mathrm{F,\,a,\,d}} &= f(E_{\mathrm{a,\,d}},\ E_{\mathrm{v,\,c}},T)
\end{aligned}
\tag{4.24}
$$

式中，N_{d}^{+} 和N_{d}^{-} 是离子化掺杂剂的浓度；E_{a}、E_{d}和E_{F}分别是受主掺杂剂、施主掺杂剂和费米能$E_{\mathrm{F,a,d}}$的电离能。

在一般情况下，后者由费米积分算出，这种做法因为减少了计算时间而是有利的[AYM 83]。最后，自由载流子的浓度由电荷守恒定律所定义：

$$
\begin{aligned}
n &= N_{\mathrm{d}}^{+} + p_0 \\
p &= N_{\mathrm{a}}^{-} + n_0
\end{aligned}
\tag{4.25}
$$

式中，n 是电子的浓度；p 是空穴的浓度（p_0和n_0是固有浓度）。

方程组式(4.22)~式(4.25)由一个基于牛顿法的非线性计算算法所求解。该算法同时结合了消耗和失活现象。随后，基于为先进金属氧化物半导体场效应晶体管（MOSFET）开发的经典模型，迁移率和电阻率被计算，该模型考虑了电荷载流子的主要散射源[㊀]。整个计算模式在文献［BJÖ 09］中被描述。

数值解方程式(4.21)~式(4.25)使得能够根据不同的物理和形态参数（温度、几何形状、掺杂和表面状态）计算有效传导半径（体积内传导）。例如，图4.22b表示室温下直径为40nm、表面陷阱密度为$10^{11}\,\mathrm{cm}^{-2}\,\mathrm{V}^{-1}$的纳米线的有效传导半径与掺杂之间的关系。图4.25 表示硼掺杂分别为$10^{16}\,\mathrm{cm}^{-3}$、$10^{17}\,\mathrm{cm}^{-3}$和$10^{18}\,\mathrm{cm}^{-3}$

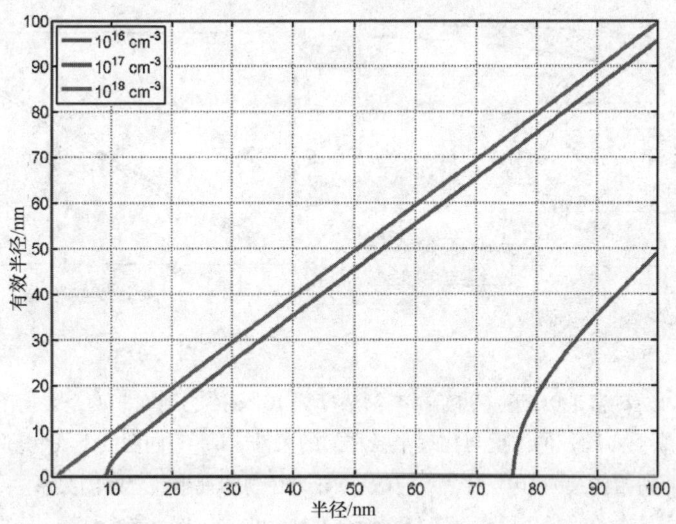

图4.25　对于3个硼掺杂密度，有效传导半径与物理半径之间的关系——表面上的陷阱密度$D_{\mathrm{it}}=10^{11}\,\mathrm{cm}^{-2}\,\mathrm{V}^{-1}$——温度为300K。本图的彩色版本请参见 www. iste. co. uk/duraffourg/nems. zip

㊀ 相互作用：表面上的电子/声子、电子/杂质（库伦）、电子/表面以及电子/杂质。

的纳米线这一有效传导半径与物理半径之间的关系。在这两个例子中，注意到消耗效应在掺杂密度低时更加明显（实际上，掺杂为$10^{16}cm^{-3}$的线在半径为75nm时完全耗尽）。此外，当表面上陷阱的密度较高时，消耗效应更强。

更具体地，图4.22b示出了一个直径为40nm的线的表面状态对于两种极端情况的电导中起着重要作用这一事实：第一种情况具有很多使用适当的表面处理（蓝色曲线）并利用经典的互补金属氧化物半导体（CMOS）技术达到的陷阱；第二种情况具有显著数量的可观察到的陷阱，并且表面不经历任何特定的处理，例如，在硅线的释放之后（紫色曲线）。已经注意到，当陷阱密度较高时，对于更大的半径来说导线变得绝缘。表面状态在传导中起着至关重要的作用，它需要通过尚待定义的处理被控制，但这很可能将受到CMOS技术发展的启发。

图4.26a表示初始掺杂浓度为$10^{18}cm^{-3}$时，纳米线的实际离子化的硼原子的数量与物理半径之间的关系。深蓝色曲线代表被空气包围的线，而浅蓝色曲线代表涂覆有氧化物的线。在两种情况下，离子化掺杂剂的量均随着线的半径降低。这种效果没有考虑“激活”，其中包括实行退火，使得杂质取代硅原子。该过程不具有100%的产率。可以说，在线上涂覆具有强介电常数的电介质降低了尺寸的影响，并构成了表面处理的实例。逻辑上，可以证明低室温（例如，图4.26b中的100K）大大地降低了传导半径。事实上，根据式（4.24）中的法则，带来自由电荷载流子的离子化掺杂剂的量随温度被降低。

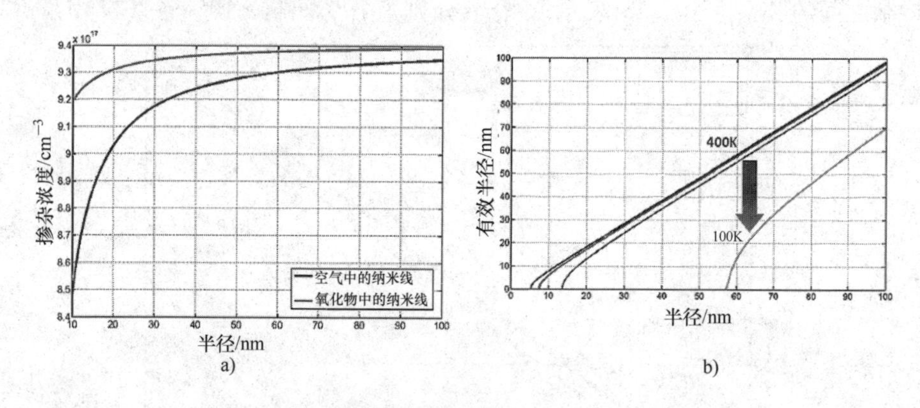

图4.26 a）室温300K下（初始掺杂剂浓度为$10^{18}cm^{-3}$），对于两个表面陷阱密度，离子化掺杂剂原子（硼）的浓度与物理半径之间的关系 b）不同温度下（物理半径为40nm，初始掺杂为$10^{10}cm^{-3}$），有效传导半径与物理半径之间的关系。

本图的彩色版本请参见 www. iste. co. uk/duraffourg/nems. zip

总之，由于表面效应变得更加明显，纳米线的电阻倾向于增加。通过改变表面电势从而控制消耗的宽度，这种属性可以被用来构成无结的晶体管。第3章中引用的关于这一话题的实验研究[BAR 14]将被详细地描述，并在4.3.2节中与压阻传导进行比较。

4.3.1.1.3　量子限域

量子限域只对小于5nm的直径可见（与硼的玻尔半径在同一个数量级）。在这种情况下，导带的结构被修改，如图4.27所示。对于根据轴<100>或<110>取向的纳米线来说，当直径小于3nm时，光学跃迁变成直接间隙跃迁[HON 08]。量子限域对电荷载流子耗尽的影响依然存在，然而与其他两个来源相比是二阶的，尤其是对于本书研究中所考虑的直径（>10nm），并没有在这里介绍的研究模型中被考虑。

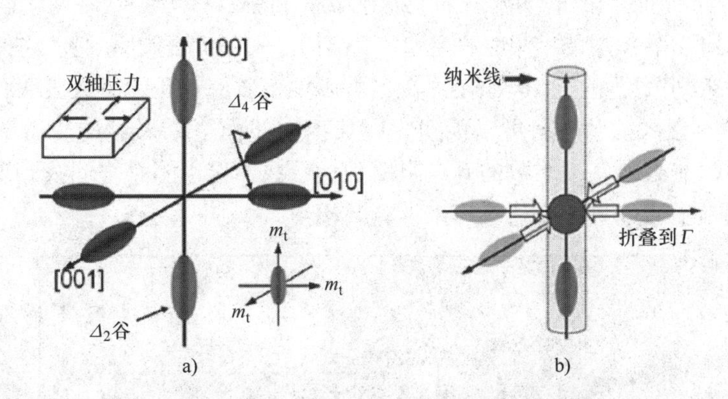

图4.27　根据文献[HON 08]，量子限域对于导带的影响。
本图的彩色版本请参见 www.iste.co.uk/duraffourg/nems.zip
a）硅的等能椭圆体　b）四个椭圆体关于轴[001]和[010]的限制作用

4.3.2　压阻效应

4.3.2.1　理论提示

压阻效应在2.2.2节中被描述。压阻材料的电阻率根据施加的力学约束㊀而变化。相对电阻变化$\Delta R/R$表示如下：

$$\frac{\Delta R}{R}=\pi_L\sigma_L=(E\pi_L)\frac{\Delta L}{L}=G\varepsilon_L \quad (4.26)$$

式中，σ_L是施加的轴向约束；π_L是将电阻变化与约束（Pa^{-1}）联系起来的轴向压阻系数；G是将相对电阻变化与应变（无单位）联系起来的应变系数。

在<100>晶体取向的宏观硅晶体中，系数G为100。在利用自下而上技术构建的P掺杂纳米线的情况下，观察到巨效应，G可以达到5000。该尺度效应在N掺杂纳米线中没有被观察到。电性能的改变尤其归功于消耗，描述为一种静电效应(见4.3.1节)。从能量的角度考虑，消耗是由硅/空气界面处的能带的弯曲引起

㊀　在最有利的情况下，该约束是轴向的。

的[BJÖ 09,SCH 09b]。施加到纳米线上的约束改变了界面的状态，并间接地改变了能带的弯曲。因为空穴更易受这种弯曲变化的影响（见2.2.2节），只在P掺杂的情况下观察到巨压阻特性。

为了量化纳米线中的压电电阻，先前对它们的电阻率的计算可以扩展到利用Rowe提出的模型[ROW 08]对应变系数G的计算，该模型根据约束引入了一个陷阱表面密度的调制参数。随后，通过根据该约束计算线的电阻变化，对一个放置在空气中的纳米线，理论上可以针对不同的陷阱表面密度值评估出应变系数。一个具有$40nm^2$正方形横截面积的硅纳米线的应变系数被利用这一方法针对两个陷阱表面密度算出。其对掺杂作图的结果在图4.28中给出。可以清楚地看到，这种巨效应只在非常低掺杂剂浓度下发生。顺便提及，可以说该效应趋于无穷大表明线变得绝缘（完全耗尽）。在高掺杂时，可以预期为经典值。然而，如果尝试使用纳米线作为传感器，很明显必须在高系数的高电阻率和低系数的低电阻率之间找到妥协。换句话说，这相当于通过只考虑热噪声来计算SNR。

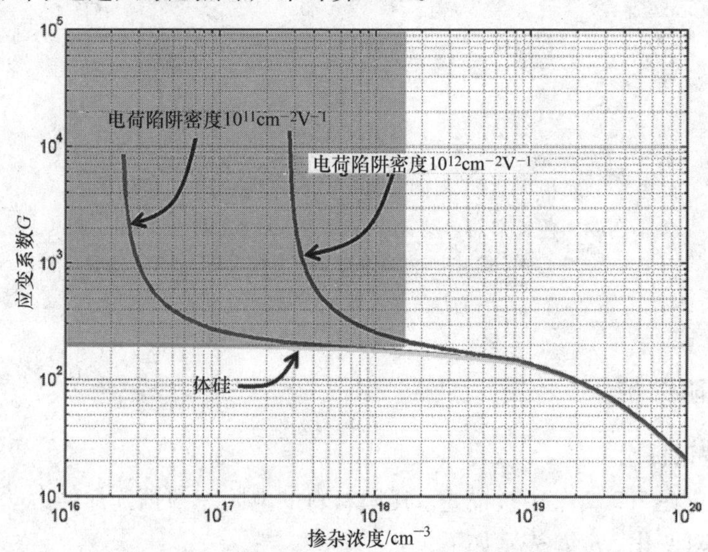

图4.28 在室温$T=300K$，对于硼掺杂的40nm纳米线，陷阱密度$D_{it}=10^{11}cm^{-2}V^{-1}$和$D_{it}=10^{12}cm^{-2}V^{-1}$时，应变系数$G$与浓度之间的关系。本图的彩色版本请参见www.iste.co.uk/duraffourg/nems.zip

4.3.2.2 初步测量

纳米线的电阻通常根据施加的纵向约束被测量。一个具有结构化的纳米线的硅带（表面积为几cm^2）被置于一个包含4个“准时”支撑的约束台中（见图4.29中描述的配置）。通过移动两个中心支架并保持其他两个支架固定不动，该硅带被变形（弯曲）。一个典型的约束台的照片在图4.29中给出。有关详细信息，请参阅文献[LUN 04]。

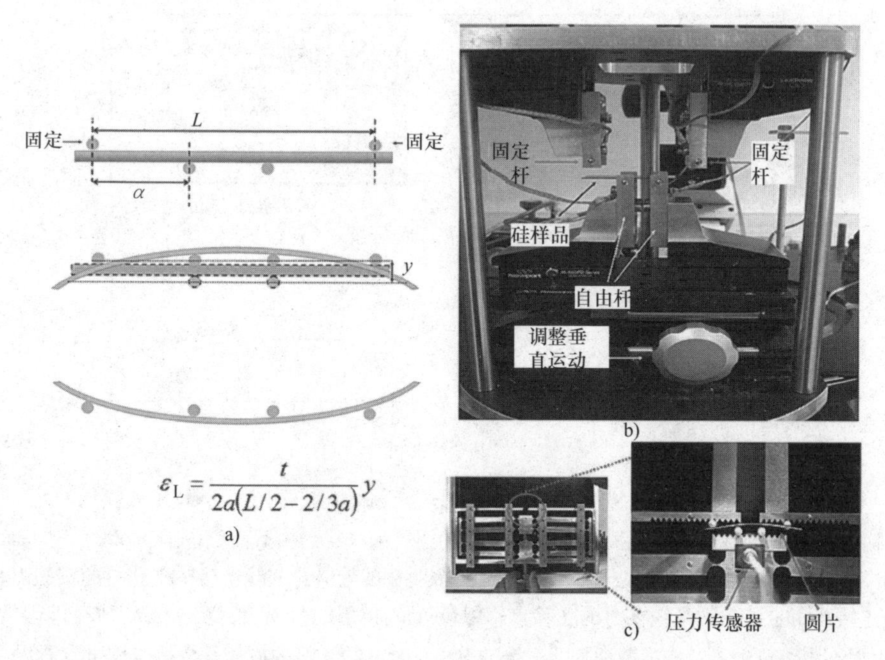

$$\varepsilon_L = \frac{t}{2a(L/2-2/3a)}y$$

a)　b)　c)

图4.29　与一个四点测量电阻相关的约束台——根据施加的伸长率ε_L，逐点记录电阻变化

a）ε_L由两个中央移动支架的位移设定　b）控制施加的压力和温度的自动测量台的照片　c）手动系统的照片

从相对电阻变化与约束之间的关系测得应变系数。随后被根据关系式（4.26）表示。静态电流-电压特性被针对约束（或应变）的不同状态进行测量，使得能够推导出相对电阻变化与应变之间的关系（见图4.30）。

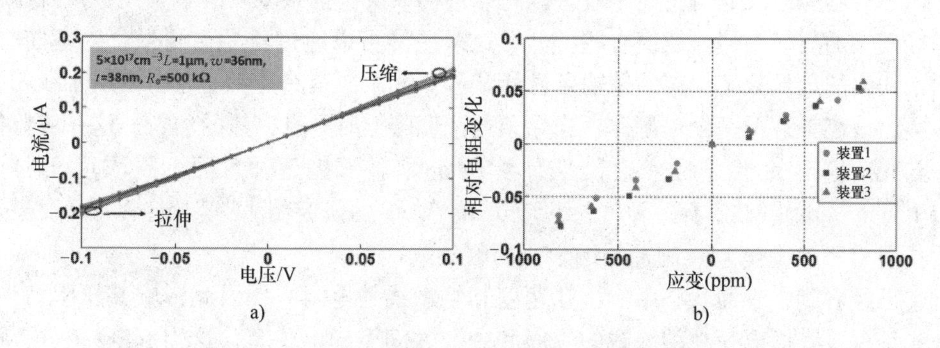

图4.30　从低横截面积低掺杂线获得的典型结果。

本图的彩色版本请参见 www. iste. co. uk/duraffourg/nems. zip

a）对于不同约束的I（V）静态特征　b）根据I（V）曲线推导出的相对电阻变化$\Delta R/R$与应变ε_L之间的关系

注：$1\text{ppm}=10^{-6}$。——译者注

关于硅纳米线的应变系数已经进行了无数次的测量，特别是以下由P. Yang的团队进行的研究[HE 06]。图4.31总结了过去40年得到的主要实验结果，绘制了实

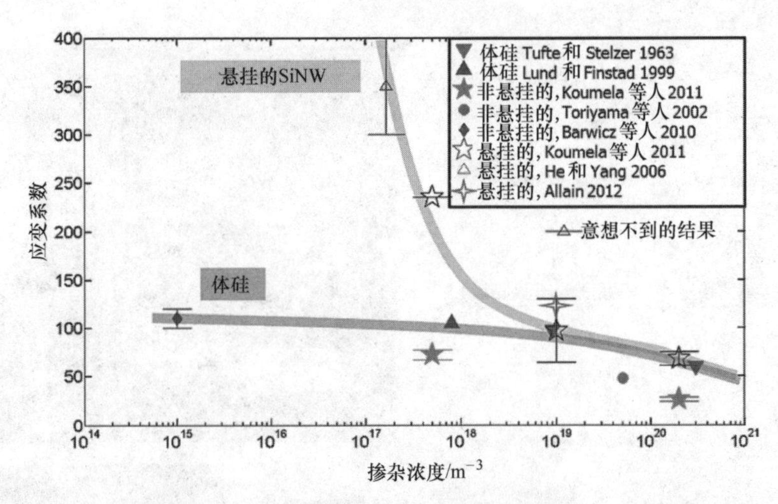

图 4.31　显示在固体硅和不同纳米线（通过光刻/蚀刻的自上而下技术或生长的自下而上技术进行结构化）上测得的应变系数的图；纳米线的横截面积范围为 $500 \sim 10^4 nm^2$，通常为几微米长。掺杂为 P 型——可以确定两个明显的趋势：灰线连接体硅获得的实验点，绿线连接自由悬挂的纳米线获得的实验点；绿色近似曲线通过计算长度为 2μm、表面陷阱密度为 $2 \times 10^{11}\ cm^{-2}\ V^{-1}$、横截面积为（$50 \times 50$）$nm^2$ 的纳米线的应变系数获得。可以看出，固定的纳米线所测得的应变系数与体硅遵循相似的趋势。

本图的彩色版本请参见 www.iste.co.uk/duraffourg/nems.zip

验应变系数与掺杂浓度之间的关系。这些测量是在自由悬挂或固定（纳米线被氧化物包围）的纳米线上进行的，并与体硅进行了比较。出现了两个明显的趋势：①第一个趋势涉及非自由纳米线。该趋势遵循取决于掺杂浓度的单调律，该规律与体硅遵循的规律类似。数值有些偏低：这一差异可以通过样品在测量台内弯曲时，纳米线内的最低效率约束的传输条件所解释。②第二个趋势将所有自由纳米线归为一类。该趋势遵循一个单调律，当掺杂剂浓度降低时具有突然的增长。这一实验规律与先前提出的本书为理论模型计算的定律非常接近。然而，高浓度实验点（$10^{19}\ cm^{-3}$）仍需被解释。该测量对应于 P. Yang 的研究组[HE 06]记录的针对通过生长（自下而上工艺）制造的纳米线的测量。

已经看到，表面状态影响消耗宽度和纳米线的电阻，并因此影响其压阻特性。换句话说，表面电荷在纳米线的表面和中心之间引起电位差，这引起硅/空气界面处的能带的弯曲。然而，可以使用靠近纳米线的电极对该表面电位进行控制。当使线运动时，由后者形成的静电电容发生变化，因此表面电位发生变化。通过线的电流将因此被根据机械运动进行调制。这样做时，纳米线相当于一个无结的悬挂晶体管。

为了对本节作出总结，这一尺度效应所固有的检测原理将被与压阻检测进行比较。

为此，将再次考察图 2.22 中所述的 P 掺杂纳米线。不同的工作状态如图 4.32 所示。被配置为无结晶体管的纳米线可以使用一个简单的栅电极（或置于线两侧的两个电极）控制电阻。为了获得这一效果，静电间隙必须非常窄，通常低于 100nm。在这种情况下，当栅极电压为空时，纳米线导通（见图 4.32b）。将电压降至负值将降低消耗宽度，直到线完全导通（见图 4.32a）。在这个被称为平带电压V_{FB}的电压值，线在其整个物理横截面上导通。当$V_G < V_{FB}$时，累计电流自身叠加在体电流上。通过增加电压$V_G > 0$，消耗宽度增加，降低漏极电流，直到传导通道夹断（见图 4.32c），此时$V_G = V_p$，夹断电压。当$V_G > V_p$时，纳米线被关闭。通过纳米线的电流可以根据V_G、V_{DS}以及V_{FB}进行建模，这取决于表面电荷密度。假设突然耗尽[COL 90]，在纳米线体积内循环的电流（不考虑高电压下的累积）可以表达如下[COL 10, KOU 13]：

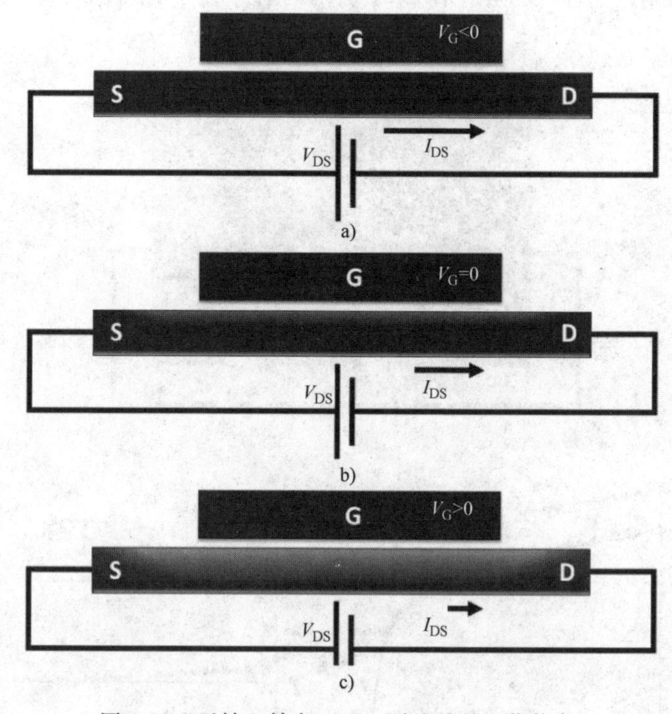

图 4.32　无结 P 掺杂（硼）纳米线的工作状态。

本图的彩色版本请参见 www.iste.co.uk/duraffourg/nems.zip

a）当施加到电极的栅极电压为负时，纳米线导通（ON 态）。除了施加电压对表面电荷引起的精确电位进行补偿外，线沿着其整个物理宽度被开启　b）对于空电压，除了由表面电荷引起的剩余消耗宽度外，纳米线是导通的　c）对于正电压，导线被消耗，直至夹断电压，此时其被关闭（OFF 态）

$$I_{DS}(V_G, V_{DS}) = \frac{2t}{\rho L}\left[\left(\frac{w}{2} - \frac{C_i}{eN_a}(V_G - V_{FB})\right)V_{DS} + \frac{C_i}{eN_a}\frac{V_{DS}^2}{2}\right]$$

$$g_m = \frac{\partial I_{DS}}{\partial V_G} = \frac{-2t}{\rho L}\frac{C_i}{eN_a}V_{DS} \tag{4.27}$$

式中，t、w、L 分别是纳米线的厚度、宽度和长度；ρ 是纳米线的有效电阻率［见式（4.21）］；C_i是纳米线和包含潜在氧化层的栅电极之间的电容；N_a是掺杂剂的浓度；g_m是线的跨导。

图4.33示出了静态特性。具体来说，图4.33b示出了漏极电流与栅极电压之间的关系。对于低的漏极电压（这里$V_{DS}=-1.5V$），该模型显示出有利的趋势，使得电流能够以良好的精确度被评估，直到夹断电压为止，夹断电压可以在电流弯曲点处被估计，即$V_p\approx20V$。通过提高V_{DS}（在示例中$V_{DS}=-4.5V$），理论［见式(4.27)］已经不能令人满意，因为它假设电荷载流子（空穴）的迁移率是恒定的，而在高的横向或纵向场中并不是这样的。此外，由纳米线形成的通道的实际长度和串联电阻取决于V_{DS}。简单来说，被认为是取之不尽的电荷存储器的漏源区域的尺寸随V_{DS}发生变化。这种效应在图4.33c所示的跨导g_m上也可以见到。

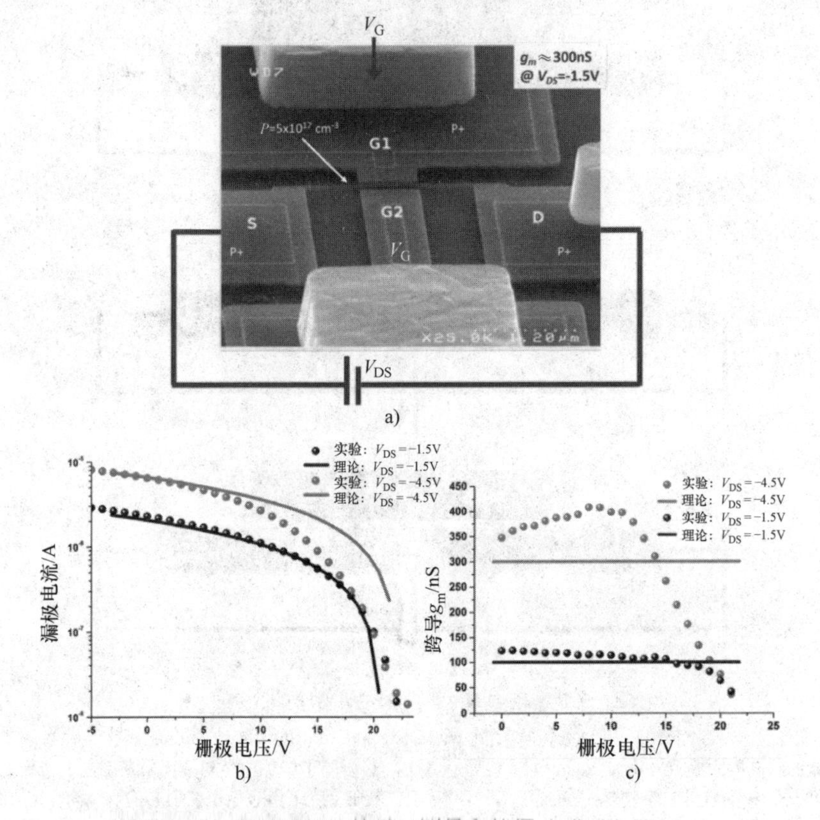

图4.33 静态特性：符号、测量和特征［式（4.27）］

a）纳米线的极化 b）对于两个漏极电压，漏极电流与栅极电压之间的关系：夹断电压约为20V，平带电压（测量中不可见）估计为3V c）跨导g_m与栅极电压之间的关系（引用自文献［KOU 13］）

现在将比较2.2.2节中介绍的压阻传导（见图2.24）和这种基于无结晶体管的新检测技术。将首先考虑使用类似于对压阻检测定义这种电流的方法［见2.2.2

节中的式（2.27）和式（2.28）]，根据振动幅度定义运动电流的表达式（由运动引起）。为了做到这一点，从式（4.27）中给出的跨导的表达式开始，该表达式使得能够根据栅极电压定义漏极电流。在信号较小时，栅极电极在恒定值V_G附近变化，幅度为δV_G。在研究的情况中，δV_G取决于空气电容形成的电容桥，该电容随振动和纳米线周围的氧化物电容而变化：

$$I_{ds}(\omega)=g_m\delta V_G(\omega)\approx g_m V_G\frac{\delta C(\omega)}{C_{gap}}=g_m V_G\frac{y(L/2,\omega)}{g} \tag{4.28}$$

式中，$y(L/2,\omega)$是 2.1 节中定义的纳米线中心处的振幅［见式（2.2）］。相对于串联中气体间隙形成的电容，氧化物电容可忽略不计。因此，电容C_i被简化为C_{gap}。式（4.28）示出了信号与振幅成正比。在压阻检测的情况下，电流遵循位移的二次定律。像对于压阻检测的研究一样，将考虑图 2.22 中由相同的静电力驱动的纳米线。因为电流正比于位移，来自无结晶体管检测的漏极电流的频率与驱动频率相同。另一方面，由于二次定律，所谓的“压阻”电流的频率是驱动频率的两倍。在这一相同的线上，压阻电流和来自无结晶体管的电流之间的差异可以被识别。

回到“向下混合”方案，其中纳米线由电压V_{DS}极化，由电压V_G驱动，V_G是连续分量V_{DC}和正弦分量V_{AC}（ω）的和。因此，在通过将读出信号V_{DS}调制到频率等于$\omega\pm\Delta\omega$，以及将频率为ω的激励信号调制到中心频率ω_0，寻求测量机电漏极电流I_{DS}（见图 4.34 和图 2.23）。通过采用谐振频率ω_0处的表达式$y(L/2,\omega)=y_1(\omega)\phi(L/2)$，已知$V_G=V_{DC}+V_{AC}$（$\omega$），机电（或运动）漏极电流（峰值）为

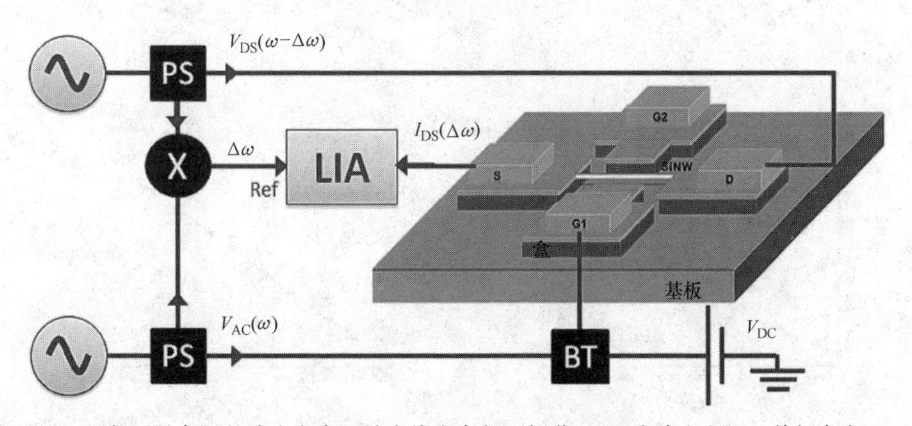

图 4.34　“向下混合”的读出方案，纳米线在高频下振荡：V_{DS}为读出电压，其频率在以ω_0为中心的间隔$\omega\pm\Delta\omega$处变化；V_{AC}为驱动信号，其频率在ω处变化。因为纳米线表现得像一个 *Rf* 混频器［见式（4.30）］，输出电流I_{DS}在频率$\Delta\omega$处变化，将通过一个锁相放大器（LIA）被检测

$$I_{DS}(\omega)=g_m V_{DC}\phi\left(\frac{L}{2}\right)\frac{(C_n\varepsilon_0 Lt)V_{DC}V_{AC}(\omega)}{g^2}\frac{1}{m_{eff}(\omega_0^2-\omega_2+j\omega\omega_0/Q)} \tag{4.29}$$

在谐振情况下，通过表达有效质量和跨导，得到机电电流关于施加的电压和纳米线的形态参数的表达式：

$$I_{\mathrm{DS}}(\omega_0)=g_{\mathrm{m}}V_{\mathrm{DC}}\frac{4}{3}\frac{(C_{\mathrm{n}}\varepsilon_0 Lt)V_{\mathrm{DC}}V_{\mathrm{AC}}(\omega_0)}{g^2}\frac{Q}{m\omega_0^2}$$

$$I_{\mathrm{DS}}(\omega_0)=\frac{-2t}{\rho L}\frac{C_{\mathrm{i}}}{eN_{\mathrm{a}}}V_{\mathrm{DC}}(\omega_0-\Delta\omega)V_{\mathrm{DC}}\frac{4}{3}\frac{(C_{\mathrm{n}}\varepsilon_0 Lt)V_{\mathrm{DC}}V_{\mathrm{AC}}(\omega_0)}{g^2}\frac{Q}{m\omega_0^2} \quad (4.30)$$

$$I_{\mathrm{DS}}(\omega)\propto V_{\mathrm{DS}}(\omega_0-\Delta\omega)\times V_{\mathrm{AC}}(\omega_0)$$

仍需要完成的是比较通过压阻检测获得的机电漏极电流（见 2. 2. 2 节和图 2. 24）与来自无结晶体管检测的电流。实验曲线在图 4. 35 中给出。为了清楚起见，通过压阻检测获得的结果在旁边给出。无结晶体管检测的线性定律和压阻检测的二次定律通过实验得到了验证。理论曲线与测量相一致。测量条件下的压阻转导仍然是最有效的。预了解更多关于这一比较的信息，请参阅文献［KOU 13］。话虽如此，通过减小线与栅极之间的距离，无结晶体管检测也可以同样有效。其优点之一是它在本质上是线性的。事实上，其他研究已经证明这种检测是非常有前途的，因为它具有不同的掺杂分布和静电间隙[BAR 14]。

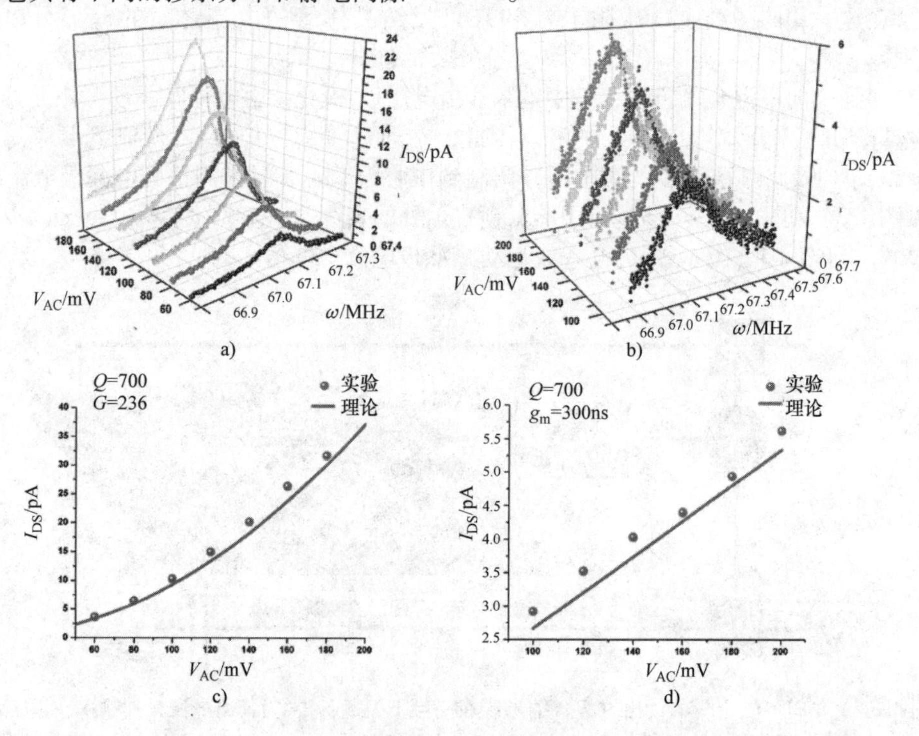

图 4. 35　压阻检测与无结晶体管检测（$V_{\mathrm{DC}}=300\mathrm{mV}$，$V_{\mathrm{DS}}=70\mathrm{mV}$）之间的比较。

本图的彩色版本请参见 www. iste. co. uk/duraffourg/nems. zip

a）压阻检测中机电电流 I_{DS} 与频率和驱动电压的关系　b）无结晶体管检测中机电电流 I_{DS} 与频率和驱动电压的关系　c）压阻检测：谐振电流与驱动电压的关系，以及来自式（2. 38）的理论近似，考虑应变系数 G 为 236（来自 2. 2. 2 节中得到的模型），品质因数 $Q=700$　d）无结晶体管检测：谐振电流与驱动电压的关系，以及来自式（4. 30）的理论近似，考虑跨导 g_{m} 为 300 nS（静态测量），品质因数 $Q=700$

4.4　光机纳米振荡器和量子光机

之前已经描述了尺度效应的几个例子，并提出了NEMS特定的转导。目前的研究越来越多地集中在应用上，这些研究得出的结论预测卡西米尔能将被用于驱动微纳系统。如果相互作用的机械部件的表面上的电荷密度足够低或者可以被抵消，已经证明卡西米尔力可以驱动扭转微镜［CAP 01］。本质上，当两个相互作用的平面是平的且并不很粗糙时，卡西米尔力为吸引力。尽管如此，仍然可能通过对表面进行纳米结构化或使用超材料，将该力变为排斥力。因此，该力的符号取决于分离平面的距离。想象该力根据悬挂部件和一个固定平面之间的间隙变化而发生周期性的反转［ROD 11］。在这些条件下，来自真空的量子波动的能量可以被用于确保自振荡。

自然地，可以尝试通过使用存储在一个光腔中的光子的能量来推广这一方法，诸如包含一个移动镜的Fabry - Pérot系统（见图4.36a）。当光子在镜面上被反射时，通过传递光子的动量（辐射压），镜子被驱动。作为回应，镜子的运动改变了腔的光学性质，从而使得位移能够被测量。这种光机械转换能够达到非常精细的分辨率，范围为$10^{-20}\mathrm{m}/\sqrt{\mathrm{Hz}} \sim 10^{-16}\mathrm{m}/\sqrt{\mathrm{Hz}}$[44]。为了了解其中的机制，将描述构成一个易于理解的光学谐振器的Fabry - Pérot腔的性质。它在透射中光谱响应$FP(\nu)$是一个Airy函数梳[⊖]。两个连续峰之间的间隔被称为自由光谱范围（FSR）。Airy函数书写如下：

$$FP(\nu)=\frac{T_{\max}}{1+M\sin^2(\varphi/2)} \tag{4.31}$$

式中，对于$T \ll 1$，$T_{\max}=\dfrac{T^2}{(1-R)^2}\sim T^2$；$M=\dfrac{4F^2}{\pi^2}$；$\varphi=\dfrac{4\pi d}{\lambda}=\dfrac{4\pi d\nu}{c}$；$F$是峰的细度，$F=\dfrac{ISL}{\delta\nu}$。

对于任何腔体频率ν_c，透射最大，使得

$$\begin{gathered}\nu_c=\frac{kc}{2d};k\in\mathbb{N}\\ ISL=\frac{c}{2d}\end{gathered} \tag{4.32}$$

因此，腔的本征频率ν_c都正比于$c/2d$（c是自由传播中的光速，d是分离距离）。有趣的是定义光腔的品质因数$Q_{\mathrm{opt}}=\nu_c/\delta\nu$，其在光机械检测中至关重要，对此稍后会看到。其对腔存储光能的容量进行了估计，换句话说，它使得能够找到光子在腔中的寿命$\tau_{\mathrm{phot}}=Q/\nu_c$。

⊖　在反射的情况下，传递函数R使得$T+R=1$。

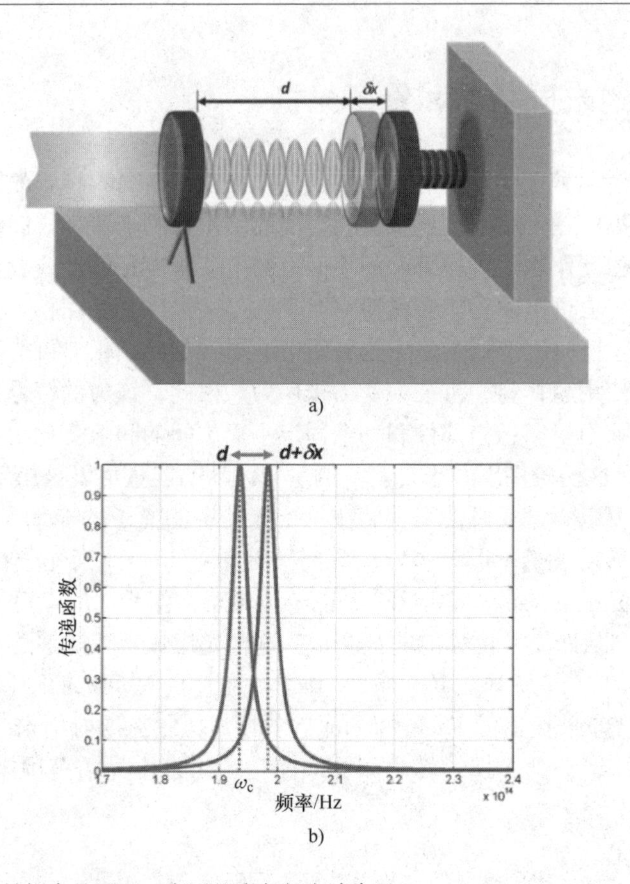

图 4.36　光机械耦合的原理。本图的彩色版本请参见 www. iste. co. uk/duraffourg/nems. zip
a）具有移动镜的 Fabry - Pérot 光学腔。腔的长度随着镜子的位移发生变化，
从而修改光学谐振的本征频率［与 $c/2(d+\delta x)$ 成正比，
见图 4.11］　b）随着镜子位移变化的共振频率ω_c的放大图

当其中的一个反射镜移动量为 δx 时，腔的长度改变，引起谐振频率 ν_c的变化（见图 4.36）。通常，引入光机械耦合系数g_x，以表征耦合效率：

$$\nu = \nu_c + g_x \delta x \tag{4.33}$$

式中，g_x是本征频率对于位移的偏导$\frac{\partial \nu}{\partial(\delta x)}$。

在 Fabry - Pérot 腔的简单情况下，$g_x = -\nu_c/d$。共振光腔如盘、环和光子晶体表现类似。g_x的一般表达式仍然成立，不过具有更复杂的形式。

两个读出原理在图 4.37 中进行了描述。在第一个原理中，相比于腔的谐振频率，激光的频率（其波长）发生了失谐（见图 4.37a）。如图 4.36 所示，腔的传递函数随镜子的运动发生变化，从而对透射和反射的光的强度进行调制，这是因为操作点位于传递函数的斜率上。因为工作点位于平台上，输入 - 输出相移被调制得很少。在第二种方法中，激光的频率与腔的共振频率相匹配。在这种情况下，在传递函数最大值的附近，强度的调制几乎为零。另一方面，工作点位于相位变化的较陡的斜率上。因此，光学信号的相移通过移动镜的运动被调制。

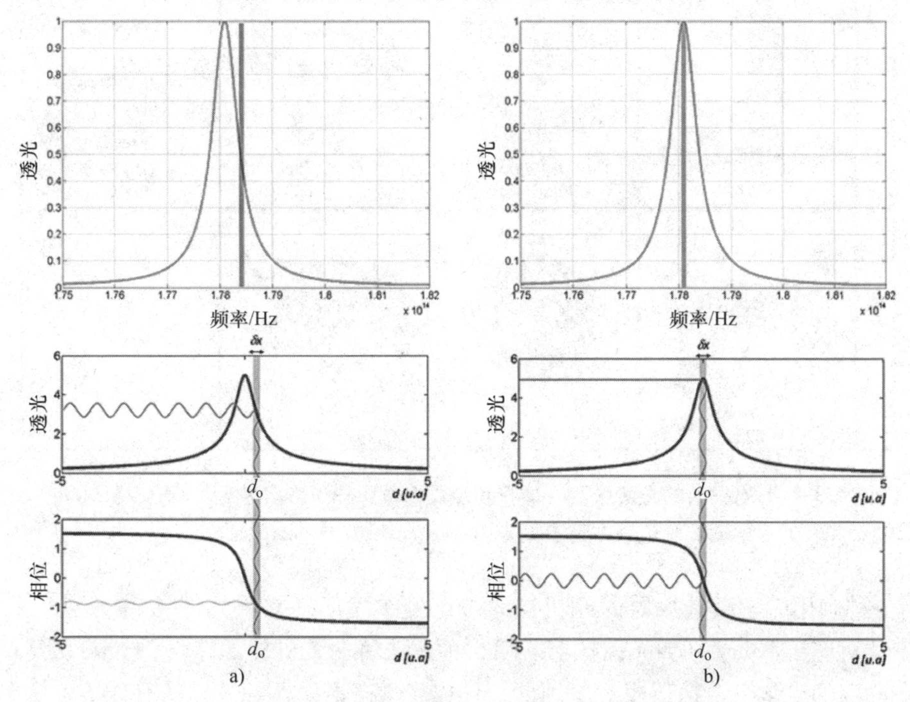

图 4. 37　光机械检测的原理。本图的彩色版本请参见 www. iste. co. uk/duraffourg/nems. zip

a）与光学腔的谐振本征频率相比，使得运动被读取的探头激光器发生失谐：镜子位置的变化引起强度被调制，以及透射相位信号上较低的变化（对于反射信号类似）　b）使得运动被读取的探头激光器与光学腔的谐振本征频率相匹配：镜子位置的变化引起相当大的相位调制，以及非常低的透射信号强度的变化（对于反射信号类似）

利用式（4. 31）和式（4. 33），很容易定义透射或反射光功率的相对变化 $\Delta P/P_0$ 与镜子位移 δx 之间的关系。这个表达式可以定义优化位移分辨率极限的重要参数：

$$\frac{\delta P}{P_0}=\left[\left(\frac{\partial FP}{\partial v}\right)\left(\frac{\partial v}{\partial x}\right)\right]\delta x$$
$$\frac{\delta P}{P_0}\propto g_x\cdot\frac{Q_{opt}}{V_c}\cdot\delta x \quad (4.34)$$

因此，需要注入大量的光P_0，并具有高的品质因数Q_{opt}以及强的机电耦合。大量的研究已经被开展以优化光学微谐振器的品质因数。后者可以是环形波导、微盘、微环形波导（其中光发生转向）或光子晶体。所有这些系统都呈现出类似于针对 Fabry－Pérot㊀［见式（4. 31）］定义的传递函数的光学响应。它们如图 4. 38 所示，典型的品质因数及其体积被提供。

㊀　环可以被认为是 N 个镜子的系统，N 趋向于无穷。

图 4.38　不同类型的光谐振器（体积和品质因数）——方案来自文献［VAH 03］。本图的彩色版本请参见 www.iste.co.uk/duraffourg/nems.zip

3 种利用光学微谐振器的光机械系统已经被发明。它们如图 4.39 所示。第一种方法对应于 Fabry – Pérot 谐振器。第二种方法将一个机械部件（例如梁或膜）放置在固定的光学微谐振器附近。因此，形成光学微谐振器的波导的有效折射率根据机械部件与导轨之间的距离而发生变化（见图 4.39b）。该机械部件通常被放置在距离光学谐振器几百纳米远的地方。这样做时，光学谐振频率发生改变。在第三种方法中，光学谐振器被悬置，并且其自身构成振动中的机械部件（见图 4.39c）。光机械谐振器的呼吸运动在机械共振频率下调制光学谐振频率。这种方法相当于具有移动镜的 Fabry – Pérot 方法，因为它基于光子平均路径长度的变化。为了获得高的光机械耦合，应优选使用高频体积变形模式。

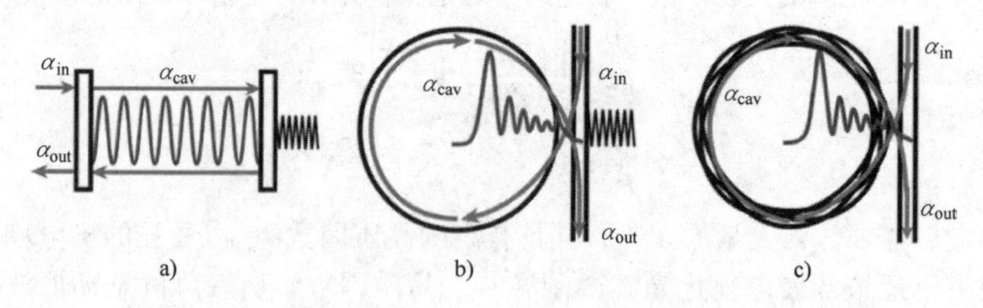

图 4.39　3 种类型的机电耦合（引用自文献［EIC 07］）。本图的彩色版本请参见 www.iste.co.uk/duraffourg/nems.zip

a）长度随移动镜的运动发生变化的 Fabry – Pérot 腔　b）与悬挂部件（导轨、悬臂等）耦合的微谐振器：通过修改波导的有效折射率，微谐振器的光学频率随着机械系统或定位在近场中的右侧导轨的运动而变化　c）悬挂的微谐振器自身构成机械谐振器：光学腔的长度根据谐振器的机械变形而变化实现这些光机械系统的例子在图4.40中示出。图4.40a所示为Fabry－Pérot腔，其移动镜是一个悬臂，固定镜是一个光纤。图4.40b～e是不同的悬挂光学腔，形状分别为球、环面或盘。这些系统构成在“回音壁模式”（WGM）中操作的光学谐振器[MAT 06, ILC 06]，并对应于图4.39c和图4.41中示出的转导方案。机械变形的频率在GHz的数量级。图4.40f对应于由光子晶体形成的光学腔，其根据高频体积模式在大约1 GHz处变形。它们的相对运动引起组件的光学谐振频率的变化。

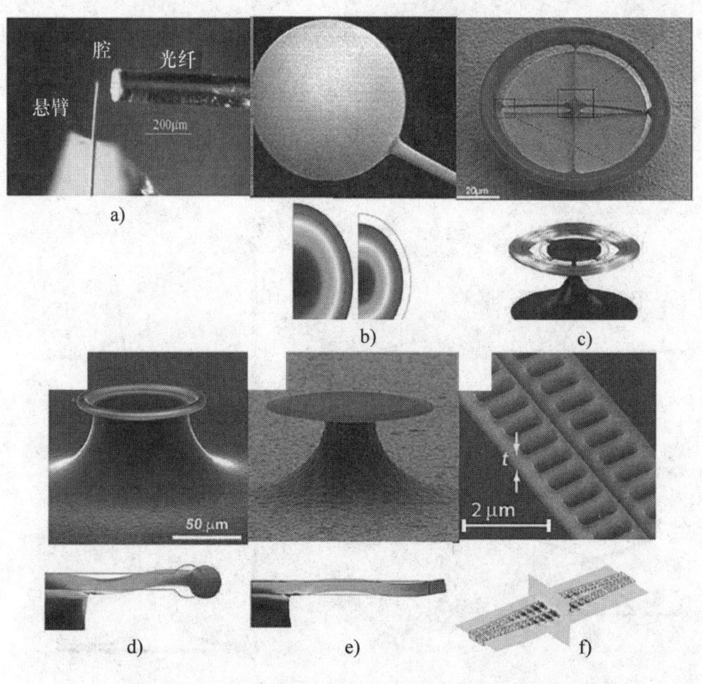

图4.40　类似于图4.38中描述的谐振光学腔的例子。
本图的彩色版本请参见 www.iste.co.uk/duraffourg/nems.zip
a）在悬臂与光纤之间实现的Fabry－Pérot腔（图片引用自文献［MET 08］）
b）微球（参见文献［CAR 07］）　c）由机械臂支撑的光学微环导轨（参见文献［ANE 08］）
d）在“回音壁模式”下振动的光学微环导轨（参见文献［SCH 06］）
e）在“回音壁模式”下振动的光学微盘（参见文献［SRI 11］）　f）耦合光子晶体（参见文献［EIC 09］）

对于移动镜来说，直观的理解是入射光子交换一定的线性动量。如果有足够数量的光子，并且由每个光子所带来的能量足够，辐射压将驱动镜子。在这种情况下，光学力写为

$$\boldsymbol{F}_{\mathrm{rad}} = 2\hbar \boldsymbol{k}\,\bar{I} \tag{4.35}$$

式中，$\boldsymbol{k}$是光子的波矢量；$2\hbar\boldsymbol{k}$是平均动量；$\bar{I}$是每秒腔内光子的平均数量（腔内的平均光子流量），并取决于腔的精细度或品质因数（腔的品质因数越高，腔内光子的寿命越长，每秒腔内存在的平均光子数量也就越高），辐射压与品质因数成

正比。

已经讨论了光机械检测，然而上述的系统由光学力所驱动，该力的来源根据架构而不同。考虑长度随机械运动发生变化的光学腔的情况（Fabry - Pérot，WGM 系统，见图 4.41）。

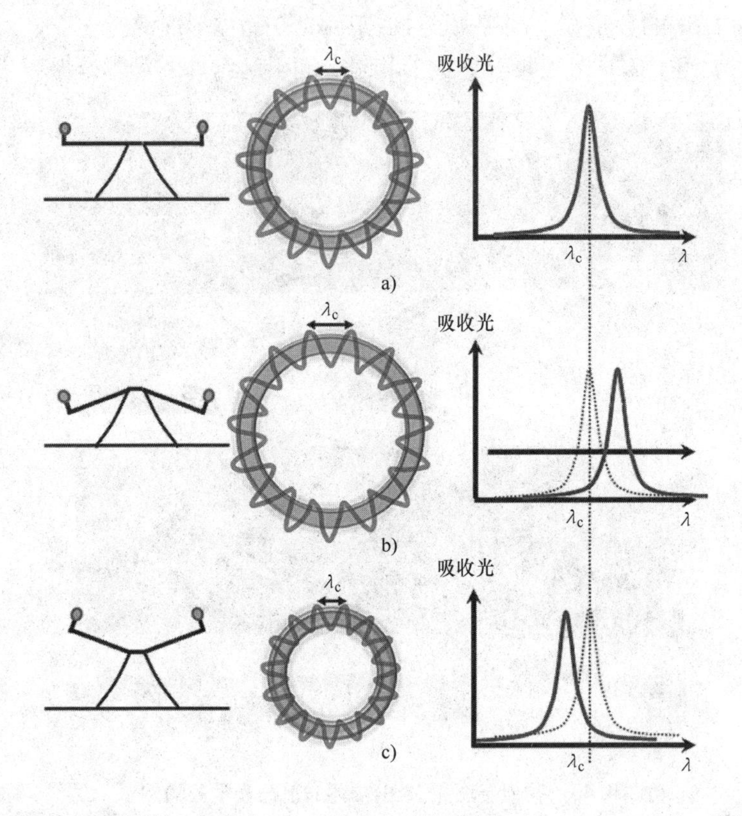

图 4.41 WGM 微环谐振器的工作模式——蓝线代表引导光学场（由 T. Carmon 的工作室 FRISNO - 8 启发的方案，参见文献［CAR 07］）。本图的彩色版本请参见 www. iste. co. uk/duraffourg/nems. zip

a）无驱动静止的谐振器，具有波长为λ_c的光学谐振 b）在机械谐振频率下通过波导内循环的光子压力驱动的谐振器，引起拉伸变形：当光学腔扩展时，谐振波长增加 c）当光学腔缩回时，谐振波长减小

以练习为目的，有趣的是通过书写光机械系统的哈密尔顿算子，定义由辐射压引起的光学力的表达式：

$$\begin{aligned}
&\hat{H}_{opt} + \hat{H}_m \\
&\hat{H}_{sys} = \hbar\omega(t)\left(\hat{a}^\dagger\hat{a} + \frac{1}{2}\right) + \hbar\omega_m\left(\hat{b}^\dagger\hat{b} + \frac{1}{2}\right) \\
&+ \hbar\omega_c\left(\hat{a}^\dagger\hat{a} + \frac{1}{2}\right) + \hbar\omega_m\left(\hat{b}^\dagger\hat{b} + \frac{1}{2}\right) + \hbar g_x\hat{x}\hat{a}^\dagger\hat{a}
\end{aligned} \tag{4.36}$$

在该表述中，电磁能被量化，并以运算符$\hat{H}_{opt}$的形式出现。$\hat{a}^\dagger$是光子产生算符，$\hat{a}$是光子湮灭算符。其乘积$\hat{a}^{\dagger}\hat{a}=\hat{n}$对应于携带量子能量 $\hbar\omega(t)$ 的腔内光子数算符。类似地，镜子的振动可以以称为声子的量子能量的形式被量化。$\hat{b}^{\dagger}$和$\hat{b}$分别是声子的产生和湮灭算符。预了解更多关于这类量子方法的信息，有无数的作品可以参阅，例如由 Braginsky 撰写的书[BRA 85]。利用式（4.31），很容易推导出光机械相互作用哈密尔顿算子$\hat{H}_{int}$，以及由此得出的辐射压力：

$$\hat{H}_{int}=\hbar g_{x}\hat{x}\hat{a}^{\dagger}\hat{a} \tag{4.37}$$

$$\hat{F}_{rad}=-\frac{\partial\hat{H}_{int}}{\partial\hat{x}}=-\hbar g_{x}\left(\hat{n}+\frac{1}{2}\right)=\frac{\hbar\omega_{c}}{d}\left(\hat{n}+\frac{1}{2}\right) \tag{4.38}$$

需要注意的是，以这种形式书写的辐射力不仅取决于腔内光子的数量，还通过量 $\hbar\omega_c/2$ 依赖于腔内的真空波动的能量。事实上，这一项是对于卡西米尔力的腔内贡献（之前讨论过）。通过根据平均光强度$\hat{I}=\hat{n}/\tau_{phot}$重写辐射力，得到上一个表达式中不包含的具有相同表达式的期望值 Q：

$$\hat{F}_{rad}=\frac{2\hbar\omega_{c}}{c}Q\hat{I}=2\hbar kQ\hat{I} \tag{4.39}$$

因此，辐射压与平均光子流$\hat{I}$成正比。品质因数 Q 的存在证明了光子在腔内进行大量的往返运动的事实。作为引导，在没有光学谐振时，1W 的激光束对应于10^{18}光子/s 的平均光子流，即数量级在几纳牛的平均力。这个粗略的估算显示出辐射力相对适中。相反地，当腔具有较高的品质因数时，辐射力变得明显。在品质因数Q_{opt}介于 $10^5\sim10^6$的 WGM 声光谐振器的情况中，光子在圆形导轨中进行无数次的环行，并与它们的光学边缘交换一定的线性动量，导致结构的轻微变形。

当两个导轨或一个导轨和一个机械部件发生耦合时（分离距离为 100 nm），另一种偶极源的光学力[VAN 10]也开始起作用。该力来自于两个系统之间存在的电磁能（与泄漏到导轨外的消逝场相关），如图 4.42 所示。该光学力由 Povinelli 等人算出[POV 05, MA 12]。因为能量的变化非常突然，所产生的偶极力可以大到足够振动一个机械结构，振幅达几纳米。

想象一下，机械谐振器的谐振频率的倒数与腔内光子的平均寿命具有相同的数量级。在恰当的情况下，光子和声子可以相互作用。换句话说，光学力可以被用作机械谐振的阻尼力，或相反地作为运动的放大力。这种相互作用通常被称为“反向作用”[KIP 08, SCH 09]：力学对光学有影响，反过来光学对力学也有影响（见图 4.43）。更具体地说，在强耦合的区域，当激光与光学腔的谐振频率不一致，而该光学腔的谐振频率数值恰好与机械谐振频率（朝向高频）相等时，入射光子通过斯托克斯过程㊀将能量舍弃给机械谐振器。反之，如果激光的频率向低频移动，光子通过反斯托克斯过程吸收机械谐振器的能量。因此，后者通过光学相互作用被冷却。同时，光学力的梯度也作为光学弹簧发挥作用，导致机械谐振频率向低频的轻

㊀ 斯托克斯过程是引起线性动量交换的非弹性碰撞。

微偏移，如本书中讨论的由静电驱动力引起的减弱效果一样[BAN 00]（见 2.2.1 节）。

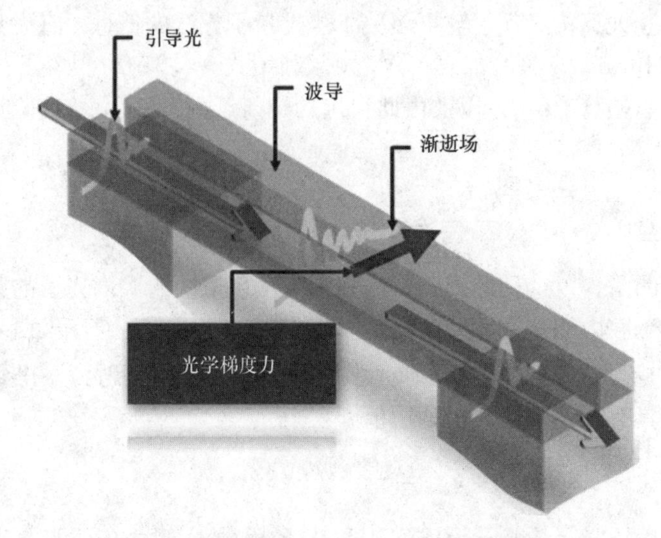

图 4.42 光学偶极力：源自于与第二个导轨耦合的导轨的渐逝场，其中光被注入。这种耦合是光学偶极力的起源

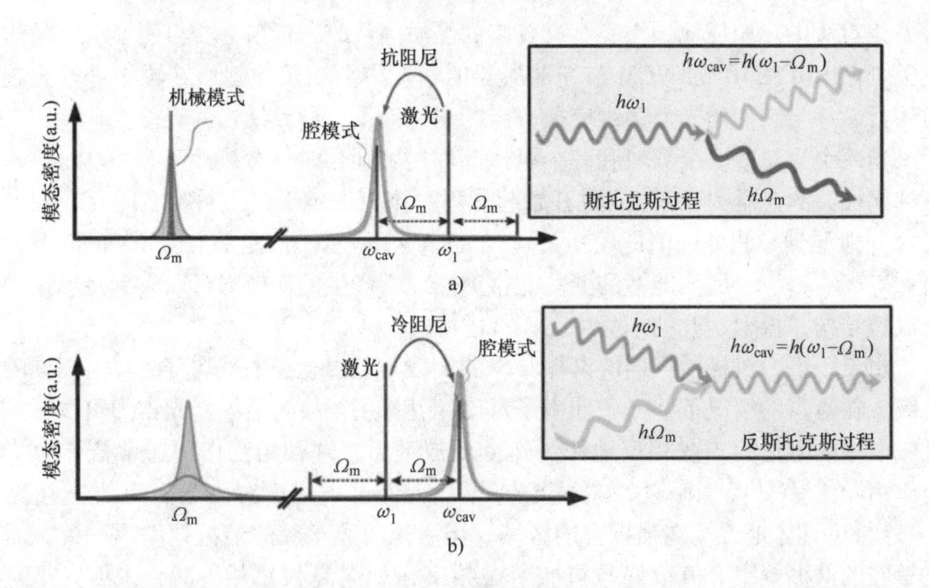

图 4.43 光机械相互作用使振动被放大或减弱。Ω_m是机械谐振频率，ω_{cav}是光学腔的谐振频率，ω_1是注入腔内的激光/光子的频率（方案引用自文献［ASP 13］）。该过程通过吸收能量声子$\hbar\Omega_m$来冷却机械谐振器。本图的彩色版本请参见 www. iste. co. uk/duraffourg/nems. zip

a）初级斯托克斯过程 b）初级反斯托克斯过程

冷却效果被用于明显地降低机械谐振器的热布朗噪声。这最终使达到谐振器的基本态成为可能，对应于零声子状态（$T=0$）[ASP 13, CLE 09]。在这种渐进的情况下，位移噪声由声子真空的量子波动所设置，这是谐振器固有的基本极限。

在更实际的层面上，并总结这项基础研究，可以想象一个利用第 2 章中描述的原理方案（见 2.3 节，图 2.29）的完全的光学自振荡系统，其光机械谐振器使用光学力和光学检测中的一种 [HOS 10]。

4.5　小结

本章概述了 NEMS 中的尺度效应，并没有提供来自尺寸减小的物理现象的详尽研究。例如，硅纳米结构或由其他材料制成的纳米结构的热电性能前景光明，应该单独被讨论。预了解更多关于小尺寸结构的热和热电性能的信息，请参考文献 [DRE 07] 和 [CAH 03]。类似地，被称为量子机电系统（QEMS）的“冷”NEMS 是非常宝贵的研究介观性质的工具。关于这一话题，请参阅文献 [BLE 04, NAI 06] 和 [O'CO 10]。

从本章可以学到的主要经验是当两个系统之间的分离距离变小时，表面状态对本征转导现象和近场力的影响。

第5章 结论与应用前景：从基础物理到应用物理

本书关注了针对尺度效应进行的主要的理论和实验研究，以及纳米系统中使用的转导方法，本章将通过描述一些将在短期或长期完成的纳机电系统（NEMS）的应用案例结束本书。

如已经看到的，尺度效应给予了 NEMS 针对不同应用的有趣性质。回顾第 1 章中首先给出的总结 NEMS 的机电性能的表（见表 5.1）。

表 5.1 将减小系数 α 应用于对象的长度、宽度和厚度时，与之相关的标度律：$l'=\alpha l$、$w'=\alpha w$、$t'=\alpha t$（见图 1.12）。E、ρ、c 和 κ 是弹性模量、体积质量、热容和纳米线热容；k_B 和 T 分别是玻耳兹曼常数和温度

参数	定律		典型值
质量	$m \propto wlt$	α^3	1pg ~ 10fg
刚度	$k \propto Ewt^3/l^3$	α	$1 \sim 10^2$N/m
频率	$f \propto \sqrt{E/\rho}\, t/l^2$	α^{-1}	10MHz ~ 1GHz
耗散机械能	$P_{th} \propto 2k_B TQ/\pi f$	α	100aW ~ 10fW
机械时间常数	$\tau_m \propto Q/2\pi f$	α	0.1 ~ 10μs
热时间常数	$\tau_{th} \propto c\rho l^2/\kappa$	α^2	0.1 ~ 100ns
噪声幅度	$\sqrt{2k_B TQ/fk}$	1	1 ~ 100fm
有效噪声	$\sqrt{2k_B Tk/fQ}$	α	10fN ~ 1pN
质量检测极限	$\delta m = 2m\delta f/f_0$	α^3	(ag ~ yg)

表 5.1 可以总结如下：NEMS 构成机械系统，特别是那些高频、快速并且在检测微小力（pN）或非常低质量（fg）中极其敏感的系统。下面将详细描述一些应用示例。

首先，讨论通过集成硅纳米线制造的惯性传感器。硅纳米线形成传感器的核心，并被用于测量由验证质量传递的轴向约束。该约束直接与质量块的加速度或旋转速度成正比，质量块绕旋转轴转动（见图 5.1）。这些结构是独一无二的，因为它们由两种不同厚度的硅制成：纳米线在第一薄层（约为 250nm）上被结构化，并与在一个更厚的层（10 ~ 30μm）上蚀刻成的验证质量相连。由 CEA – LETI 提出的被称为 M&NEMS 的混合方法使用 NEMS 的极端灵敏度，并持有明显的验证质量[ROB 09, ETT 14, WAL 12]。这样做时，这些传感器的性能水平优于或等效于当前的性能

（mg 在 +/-10g 的范围），并具有至少 2 或 3 的实质表面增益因数。利用这种新的架构，多轴加速度计、陀螺仪和磁力计被制得（图 5.2 示出的三轴加速度计），并将针对无数的包括汽车、消费品和航空航天在内的市场。

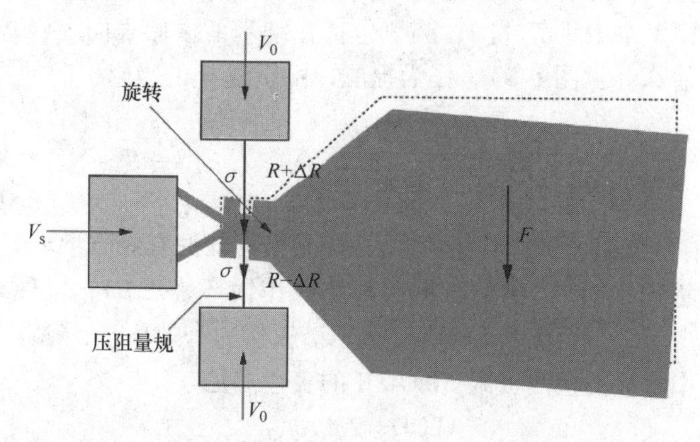

图 5.1　具有应用两个纳米线的约束量规（蚀刻到低厚度硅层中）和蚀刻到厚硅层的验证质量的 M&NEMS 型传感器的原理方案——当发生加速时，质量绕旋转点旋转，引起一条线内的拉伸约束和相反线内的压缩约束。当纳米线是压阻量规时，测量输出电压 V_s 对应于量规的相对电阻变化。该方案显示了所谓的“单轴”加速度计（在这种情况中），但该原理已经针对三轴加速度计、陀螺仪和磁力计被证明

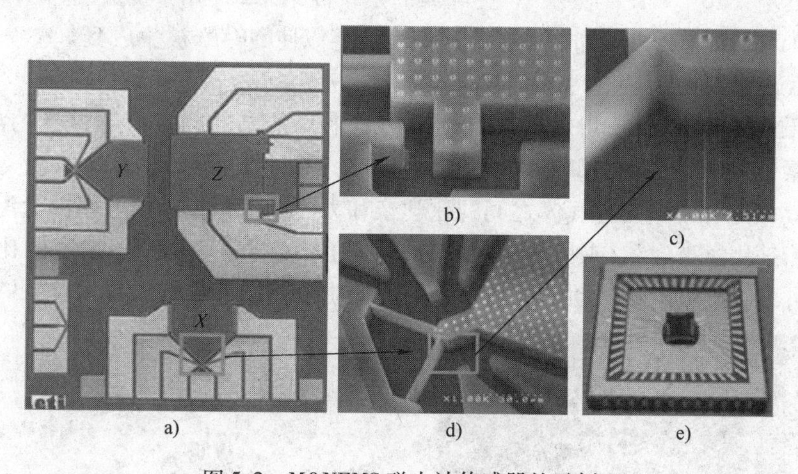

图 5.2　M&NEMS 磁力计传感器的示例

a）从 3 个传感器上方观察测量三轴的视图　b）传感器的敏感部件 Z 轴的放大图　c）传感器的敏感部件 X 的放大图　d）附着在较厚的验证质量上的较薄的纳米线　e）连接到待测支撑上的封装的三轴组件

力也可以针对生物医学目的被测量。在这种情况下，力是细胞的，而不是惯性的。例如，（生物）细胞被固定在由面向移动纳米梁的固定垫形成的装置上。当细胞收缩时，它在纳米梁上施加一个力，从而使其变形。原理上，该力通过压阻检测被测量。在这个例证中，NEMS 必须非常灵活（低机械刚度），所使用的材料通常

是聚合物。因此，通过添加金属层如金层发生压阻检测。据认为，使用这些对象可以达到皮牛数量级的分辨率[ARL 06]。

到目前为止，针对 NEMS 设想的主要应用是气体传感器测量质量，或实现新的质谱系统。如第 1 章中所解释的，测量包括在纳米谐振器表面上吸积化学物质时，对其频移进行估算（见图 1.8）。作为提醒，由质量 m 的吸附引起的频移 Δf 由下式给出：

$$\Delta f = \frac{-m}{2m_{\text{eff}}} f_0 \tag{5.1}$$

式中，f_0是没有负载时的标称共振频率；m_{eff}是谐振器的有效质量。

NEMS 被置于闭环中，例如自振荡环路或相锁环（PLL），以便实时跟踪频率的变化（见 2.3 节）。系统的灵敏度反比于谐振器的有效质量：谐振器越小，频移越大。表 5.1 中定义的检测极限（LOD）的表达式是

$$\text{LOD} = 2m_{\text{eff}} \delta f / f_0 \tag{5.2}$$

LOD 正比于纳米振荡器的频率稳定性 $\delta f/f_0$及其有效质量。稳定性通常使用 AV 估计，这在第 2 章中被描述［见 2.3 节，式（2.57）］。因此，能够声明，当噪声状态由台架噪声主导时，AV 反比于 SNR。通过减少这两个参数，目前为止得到的 LOD 记录对应于几个氢原子。在这个实验中，碳纳米管被置于低温（约为 4K），使用超真空（10^{-9}Torr）[CHA 12]。更经典的是，硅纳米结构的特性使检测极限达到 1 ~ 50kDa（1Da = 1.67 × 10^{-24}g）。这一性能足以使 NEMS 被集成到气体分析系统或新一代质谱仪中。

对于气体分析，NEMS 的表面必须被功能化（见图 5.3）。有了这样的活性层，气体元素被持续保持在 NEMS 表面上的时间长于测量时间。该层的作用类似于海绵，其效率随着所选层与气体之间的化学亲和力而发生变化。该效率由分配系数K_1表征，K_1是化学吸附和/或物理吸附的分析物的浓度与蒸气相中的浓度的比值。使用K_1，可以找出吸附在振动纳米结构上的额外质量，如下式所示：

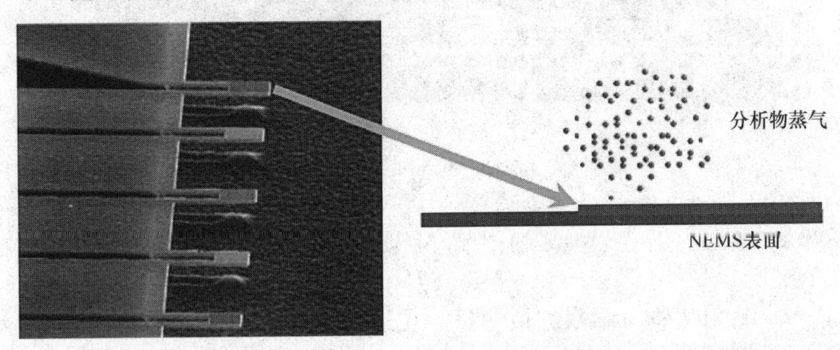

图 5.3　为了在表面上吸附感兴趣的气体而功能化的 NEMS 阵列。
本图的彩色版本请参见 www. iste. co. uk/duraffourg/nems. zip

$$K_l = \frac{C_s}{C_v}$$
$$\delta m = C_v K_l \rho_v V_c \tag{5.3}$$

式中，C_s是吸附到化学功能化层上的分析物的浓度；C_v是蒸气相中分析物的浓度（以摩尔 ppm 表示）；ρ_v是气相的密度；V_c是功能化层的体积。

通过使用广泛的表面键合的类别㊀，大量的研究集中在对取决于感兴趣的气体的功能化层的优化。已有两种广泛的架构被开发。

第一种架构类型包括实现电子鼻（e－nose）。阵列中的每一个 NEMS 或 NEMS 组都被利用一个本征层针对一个气体基团进行了官能化。已经证明有最多 8 组不同的组合（气体和层）形成正交向量空间，使得能够通过一个适应算法建立气味指纹。高于此数值时，气体分配系数几乎相同，层开始变得多余。例如，可能事后检测到背包中存在一管牙膏。该系统不能对牙膏中的每种挥发性化合物进行量化，但它可以识别其整体的指纹。

第二种架构类型基于在检测器前使用气相色谱（GC）中的柱子[GRO 04，ACK 08]的常规分析系统。GC 柱是一个内表面被使用极性或非极性化学层［称为固定相（SP）］进行功能化的管子，根据气体的大类进行分析。每种气体通过柱子的平均速度取决于其与活性层的亲和力。亲和力设定了气体在 SP 内停留的时间长度。根据它们与 SP 的化学亲和力，气体作为随时间分离的洗脱峰离开柱子。色谱柱的工作原理如图 5.4 所示。放在柱子末端的 NEMS 被用作通用定量系统。在这种架构中，NEMS 被使用通用层进行功能化，使得灵敏度对所有气体几乎是均匀的。该架构的不同功能在图 5.5 中示出。气体混合物被利用一个控制温度和压强的注射器注入柱子（或通过一个 MEMS 微注射器）。随后，随时间分离的洗脱峰由位于 GC 输出处的 NEMS 测量。通过对洗脱峰下的面积进行积分，浓度被评估。与传统的商业系统相比，该系统具有 3 个特征原则：①与无数可用的传感器相关的 NEMS 的尺寸使得与 GC 或微 GC 的横截面类似的封装/流体通道成为可能。这一特性使得死体积的影响受到限制，这是洗脱峰分散的一个来源。换句话说，NEMS 封装的流体阻抗与毛细管阻抗相匹配。因此通过使用 NEMS，分离得到改善。②NEMS 的响应时间使得低于 20 ms 的测量时间成为可能，这使得洗脱峰的精确取样可以持续数秒，以实现峰下面积的精确积分。③NEMS 的 LOD 极低。例如，NEMS 可以利用动态测量检测浓度为 10ppb㊁的 BTEX㊂（即超过 20 ms 积分时间的 GC 测量）。图 5.6 示出了浓度为 1 ppm 的 BTEX 气体混合物的色谱图。

㊀ 气体通过纯物理吸附（范德华键合，氢）或化学吸附（共价键和）与表面相连。

㊁ 1ppb = 10^{-9}。——译者注

㊂ BTEX：苯、甲苯、乙苯和二甲苯。

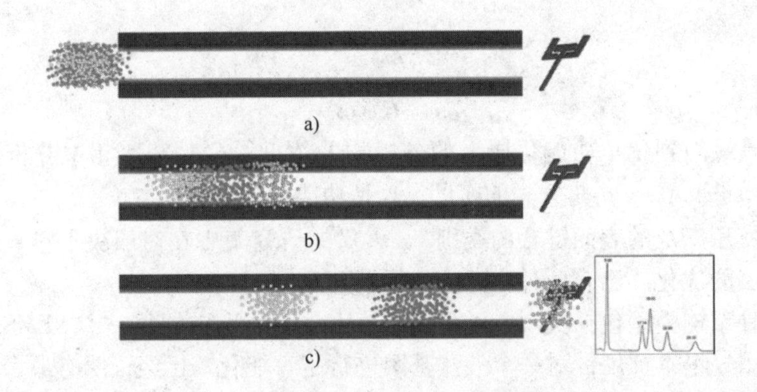

图 5.4 气相色谱柱的工作原理。本图的彩色版本请参见 www. iste. co. uk/duraffourg/nems. zip

a）注入的气体混合物 b）气体在柱中的进展。根据这些气体与固定相（黑色层）之间的亲和力，气体的传播速度有所不同 c）气体以随时间分离的洗脱峰（在 NEMS 的右侧示出）的形式离开

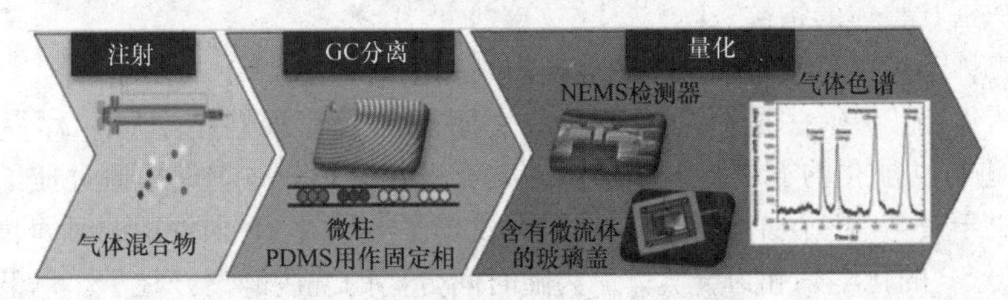

图 5.5 包括气体混合物的注入、实现分离（鉴定）的气相色谱柱以及实现量化（对应于洗脱峰下信号积分的浓度的测量）的 NEMS 或 NEMS 阵列的测量链的描述。本图的彩色版本请参见 www. iste. co. uk/duraffourg/nems. zip

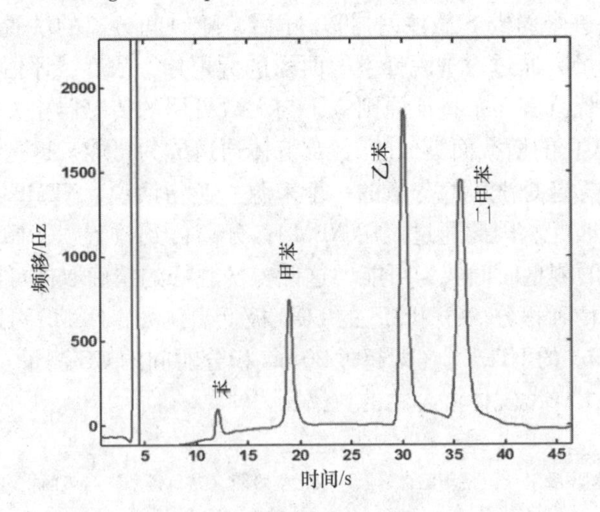

图 5.6 BTEX 气体混合物的色谱

这些系统被用于大量的需要化学分析的应用中：例如，工业环境中的气体监测

(石油化工、化工厂等)、测量室内外空气的质量、农产品、国内安全（检测爆炸物、生化试剂等）和生物医学领域（诊断）。无论什么应用，标准测量工具是结合GC使用的质谱仪。本节介绍的GC/NEMS系统（见图5.5）能够实现最终取代标准分析系统所需的性能。该分析系统的总体积的范围是几m^3到1 L（见图5.7），并因此可变为便携式，可以在现场分布。当这种工具最终变成可用的时，它将通过大大地加速对呼吸中或由体液（皮肤、尿液等）给出的生物标志物的识别而深远地改变医学领域的实践。在短短几分钟内，该设备将能够识别严重疾病的生物标志物，例如肺癌、神经退行性疾病和慢性呼吸道疾病。

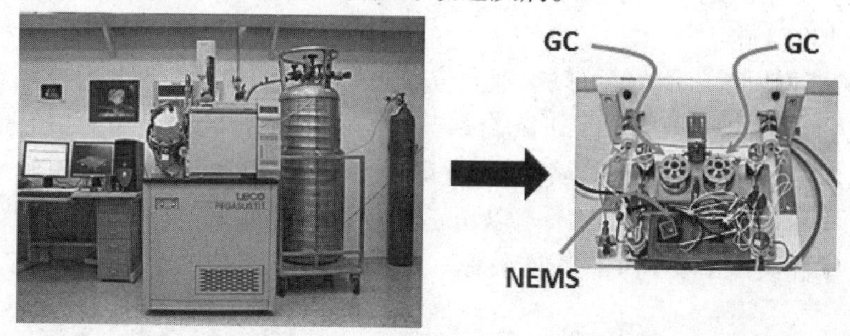

图5.7　目前的呼吸分析系统的尺寸和复杂度：质谱仪（GCxGC－MS）的二维色谱与GCxGC－NEMS系统的对比

在医院、诊所、分析实验室和手术过程中分布该技术将为革命性的诊断和非侵入性医学筛查的方法铺平道路。采取这第一步将最终促成护理点（PoC）型实践的出现，由小型化引起的技术民主化将使该工具作为家庭使用设备为最大数量的人所用。

NEMS还能够以用于识别大生物分子的新的质谱仪的形式实现新的范例。质谱仪是实践上被用于所有科学领域（物理化学、材料科学、生物学等）的通用分析技术。质谱仪的工作原理基于先前离子化颗粒的电磁场根据其质荷比m/z的分离（见图5.8）。为此，质谱仪由离子源、分析器和电荷计数器组成。对于质谱仪架构的详细说明超出了本章的讨论范畴。存在着大量的电离技术，其选用取决于要分析的分子，分离系统也为数不少。有关详细信息，请参阅文献［DOM 06，BAN 07］。

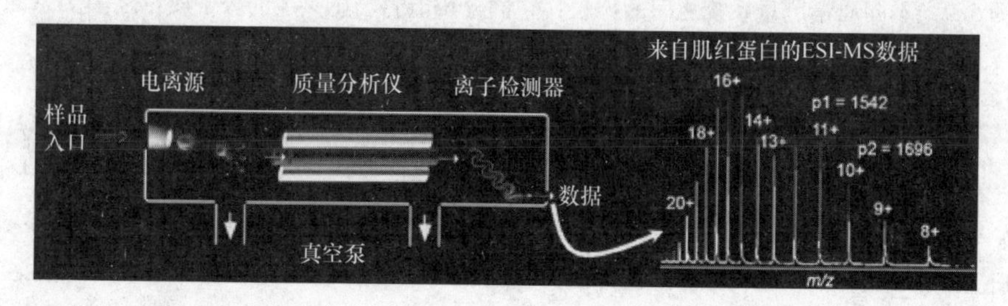

图5.8　质谱仪的原理图和质谱示例（来源：Scripps Center for Metabolomics）。本图的彩色版本请参见www.iste.co.uk/duraffourg/nems.zip

质谱仪的性能由其灵敏度、质量范围、分辨能力和精度所表征。灵敏度对应于能够进行分析时需要被注入系统中的感兴趣的分子的最小数目。在 NEMS 的情况中，该参数对应于其 LOD［见式（5.2)］。质量范围对应于最大可分析质量。分辨能力表征系统区别两个连续峰的能力。它由中间高度处的宽度与质量范围比的逆所定义，$m/\Delta m$。精度是与理论值相关的测量误差。为了说明的目的，对于质量范围 5 kDa，轨道阱型谱仪 [MAK 00, HU 05] 的分辨能力能够达到 105 ~ 106。这意味着该仪器能够指出两个差异为几分之一 Da 的质量之间的差异。它们的灵敏度为 108 个粒子的数量级。更一般地，对于质量范围能够达到几千 Da 的质谱仪，其分辨能力可以从 104 到 105 变化。

利用这种性能，质谱仪可以识别同位素之间的小的质量差异，分析碳酸化学品或复杂矿物元素的成分，分析 DNA 链，甚至是肽（见图 5.9)。最近，它们已经被用于蛋白质组学（蛋白质的研究）㊀和病毒学中 1 ~ 100kDa 较宽的质量范围。研究组已经将质量范围扩大到几 MDa，以识别复合蛋白质或完整病毒 [HEC 08, UET 08]。然而，分辨率和灵敏度受到了极大的破坏（见图 5.9)。

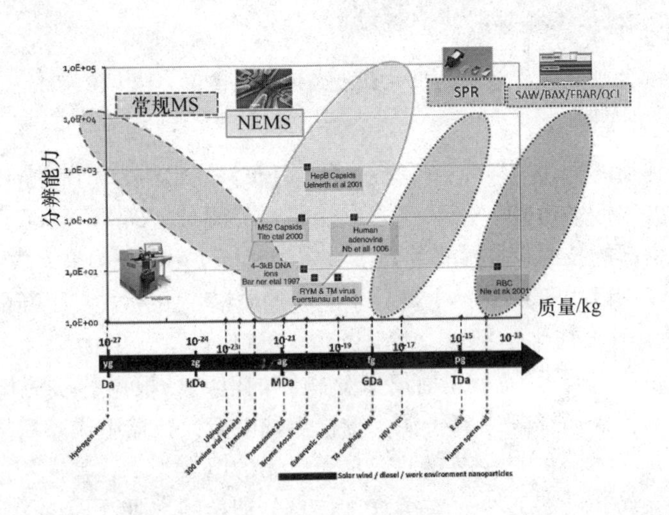

图 5.9 不同质量测量系统之间的比较：它们分辨能力与感兴趣的分子质量之间关系的比较（以 kg、g 和 Da 表示）。本图的彩色版本请参见 www.iste.co.uk/duraffourg/nems.zip

相比之下，NEMS 在该测量范围内变得更有竞争力。分辨率和灵敏度由 LOD 有效地确定。因为这个质量 LOD 通常是几十 kDa [MIL 10, YAN 06]，一旦质量高于这个下限（下限通常被认为是 3 LOD)，就可能识别生物分子。因此，NEMS 非常敏感，因为它能够一个一个地对生物分子进行测量。此外，表示为 m/LOD 的分辨能力与被认为宽泛的质量范围一样高。这一趋势与常规质谱仪恰好相反，质谱仪的分辨能

㊀ 蛋白质由肽组成。后者的典型质量是 1kDa，而蛋白质的质量通常在 20kDa ~ 1MDa。

力随着质量范围的增加而缓慢减少（见图5.9）。因此，NEMS可以测量对于质谱仪来说太高而对其他可能的技术（例如光学技术）来说太低的质量。病毒和蛋白质或完整蛋白质复合物可以被测量。其中一些生物分子是癌症或感染性疾病的标志物，使用经典的蛋白质组学方法难以识别。对单个分子的灵敏度也加速了分析。检测器不需要生物物质被利用耗时长的（例如培养）且可能昂贵的方法进行扩增。

为了说明的目的，本书将描述在IgM蛋白（人抗体）上进行的第一个质谱实验[HAN 12]。该测量系统包括向一个振动的NEMS发送蛋白质喷雾。NEMS被置于真空下，周围环境处于低温80 K（见图5.10）。其共振频率被通过PLL进行实时监测。每个降落在NEMS表面上的生物分子都导致频移，它是可以利用式（5.1）进行量化的特性，如图5.11所示。后者展示了NEMS监测单个分子的能力。NEMS实际上被使用两种模式进行共振，以通过定位质量提高测量精度。事实上，两个本征模态的使用导致得到具有两个未知量的两个方程：质量和沿纳米梁方向的质量的位置。在模态1的频移和模态2的频移之间存在着较强的相关性。在对信号进行实时处理后，质谱被逐个分子地构建（见图5.12）。可以说，发送的IgMs是IgM同种型（四聚体、五聚体等）。这第一个实验是非常有前景的，阐明了NEMS在质谱领域的潜力。

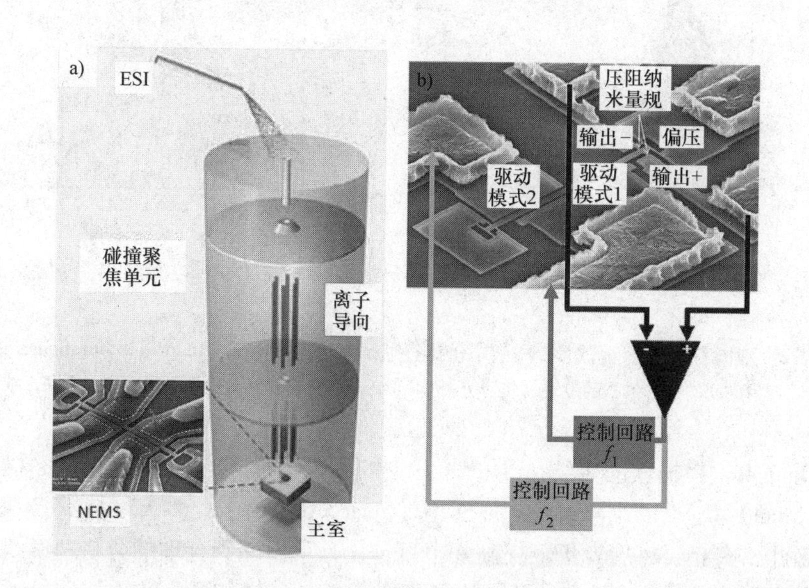

图5.10　根据文献［HAN 12］的基于NEMS的光谱法。本图的彩色版本请参见www.iste.co.uk/duraffourg/nems.zip

a）由喷雾（ESI）生物分子电离源、六极离子导向器和固定NEMS的低温棍形成的质谱系统——该NEMS处于真空和低温　b）可以在对应两端铰支梁的两个共振模态的两个频率下驱动和读出信号的闭环（PLL）的原理方案

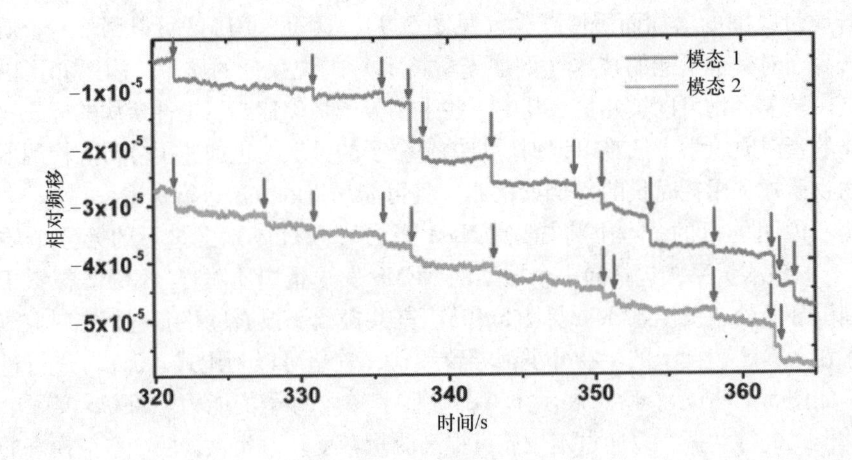

图 5.11　当颗粒在 NEMS 表面上时观察到的频移的示例：顶部曲线对应于第一共振模态，底部曲线对应于第二共振模态。因为质量在 NEMS 上聚积，没有解吸，频率趋于不断下降。一旦测量结束，可以通过加热实现解吸。本图的彩色版本请参见 www. iste. co. uk/duraffourg/nems. zip

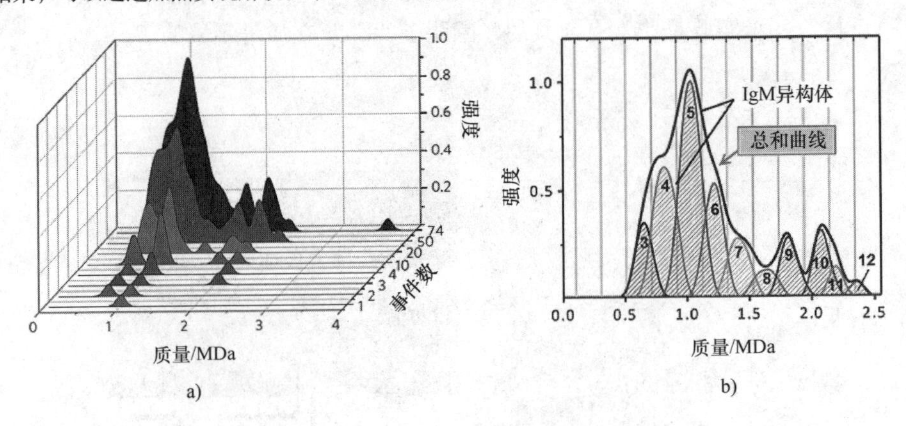

图 5.12　在同种型上获得的质谱。本图的彩色版本请参见 www. iste. co. uk/duraffourg/nems. zip

a）随着时间的推移累积的事件（实时分析）　b）累积谱和最终谱中每个同种型的不同贡献

该 IgM 谱是在捕获的生物分子的非常少的一部分上实现的。与喷雾的横截面积（5mm×5mm）相比，NEMS 的表面极小（5μm×0.3μm），意味着捕获产率为 6×10^{-8}。因此，有必要将后者仅仅提高几个百分比，从而达到合理的分析速度（即至少等于目前分析的速度）。因此，可以预见两个未来的方法：第一种方法包括改进分子束的聚焦；第二种方法包括增加 NEMS 的捕获横截面积。为此，NEMS 必须使用超大规模集成（VLSI），使它们可以被放在网络中（见图 5.13 和图 5.14）。

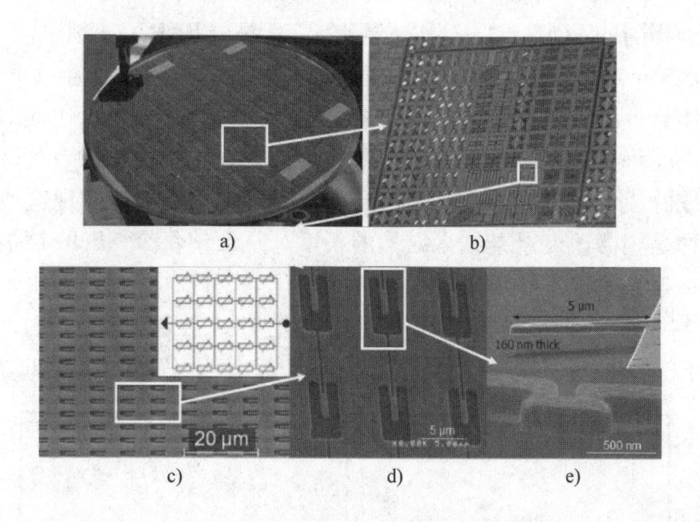

图 5.13　集体寻址 NEMS 网络的示例

a）包括 350 万个 NEMS 的 200 mm 晶圆　b）$2cm^2$ 场的照片　c）20000 个 NEMS 网络上场的放大图
d）和 e）几个部件，然后是纳米悬臂的放大图

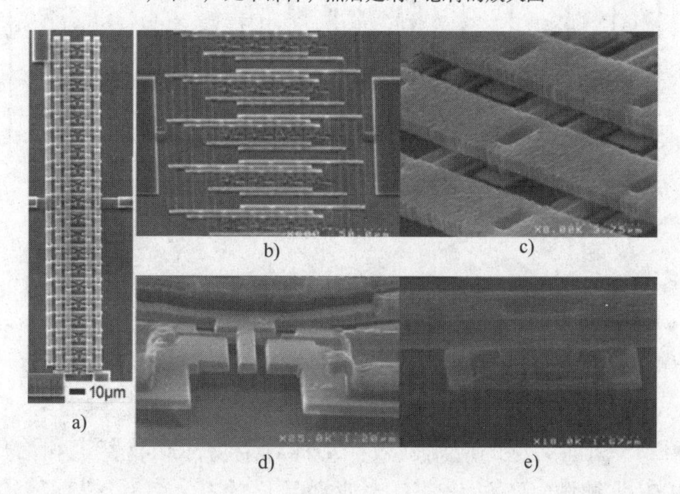

图 5.14　单独寻址 NEMS 阵列的示例。本图的彩色版本请参见 www. iste. co. uk/duraffourg/nems. zip

a）20 个悬臂的列　b）另一个 5×4 NEMS 矩阵配置（来自扫描电子显微镜的视图，彩色）
c）金属互连的一部分的放大图，实现了寻址线的交叉　d）悬臂的放大图　e）实现两个金属层之间连接的金属通孔的特写

VLSI 方法使得非常密集的 NEMS 阵列成为可能，如图 5.13 所示。它们可以通过互连所有的 NEMS 进行集体寻址。因此，当输出信号对应于来自 NEMS 的信号总和时，所有 NEMS 均由相同的激励信号驱动。在此配置中，N 个 NEMS 的阵列提供因数为 $\sqrt{N}$ 的 SNR 增强。集体寻址已经成功地被用于气体测量的情况中[BAR 12, LEE 08]。该网络实际上在相同的测量时间有着更好的 LOD，或用更短的

测量时间达到相同的 LOD。这一改进已经在出版物［BAR 12］中给予了阐释。在质谱中，NEMS 对离散事件较敏感，不像气体测量那样依赖于连续的过程。事实上，使用集体寻址阵列测量离散事件（每次可能影响单个 NEMS）是不可预见的。因此，矩阵中的每个纳米结构必须进行单独寻址。在这种方法中，NEMS 网络与一个由像素组成的成像器（每个像素对应于一个 NEMS）类似。实现这种配置的诸多方法中的一种是稍微改变悬挂纳米结构的长度。从而使每个 NEMS 被根据其共振频率进行识别，该频率随其长度发生二次方的变化。因此，阵列被利用几层的互连制造（见图 5.14c）。这种被称为频率寻址的寻址方式被通过驱动和读取具有一个 PLL 的矩阵中的 20 个 NEMS 所证明，依次锁定 20 个频率[SAG 13]，如图 5.15 所示。

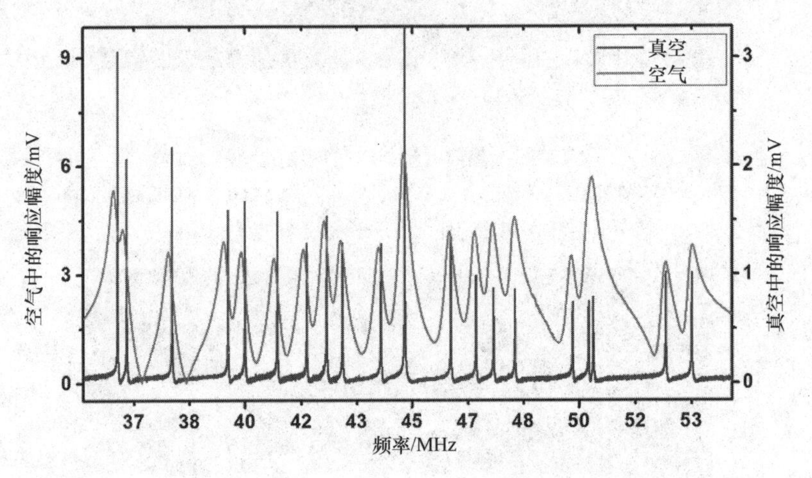

图 5.15 具有 20 个 NEMS 的阵列的频率寻址[SAG 13]：通过在对应纳米悬臂的机械共振的频率范围内扫描激发频率，对 NEMS 逐个驱动。底部曲线代表真空下 NEMS 的频率响应，顶部曲线代表空气中同一 NEMS 的频率响应。随着品质因数的降低，共振峰趋于恢复。本图的彩色版本请参见 www. iste. co. uk/duraffourg/nems. zip

总之，NEMS 面向广泛的应用领域：①针对生物标志物鉴定和治疗监督的生物医学领域；②工业领域（石油化学、农业食品化学等）；③个人安全领域；④国土安全领域；⑤监测室内外空气质量的领域。所有这些情况使得感兴趣的化学元素以极大的灵敏度被识别。NEMS 尺寸上的减小已经改变了分析仪器中的传感器的集成方式。研究人员已经将流体和电接口的尺寸与 NEMS 或 NEMS 阵列的尺寸进行了适配。除了内在的性能，未来的分析设备将非常紧凑而便携。可以预见，它们的使用将广布于民间、医疗和军事社会。本书中提供的少量的示例并没有涵盖 NEMS 所涉及的所有领域。例如，尽管简要地提及了纳米继电器和惯性纳米传感器，这些内容可以更广泛地被扩展。

在包含 NEMS 传感器的仪器被商业化之前，还有很长的路要走。目前的工作重点是改进 NEMS 的电气和流体接口。第 3 章中讨论的共集成是深入研究的主题。在

第5章，了解到NEMS必须被置于一个阵列中以提高其性能，更确切地面向捕获横截面（例如，与之相对比的色谱柱的横截面或生物分子喷雾的表面）。此后，研究人员一直在努力开发与电子器件共集成的NEMS，使得阵列中的每个NEMS像素都被一个电子电路所控制（见图5.16）。目前的制造技术使人们能够考虑三维（3D）类型的集成。第2章和第4章中描述的，似乎最容易与VLSI制造过程集成的电转导方法是压阻式监测，或通过无结场效应和纯静电激发的监测。

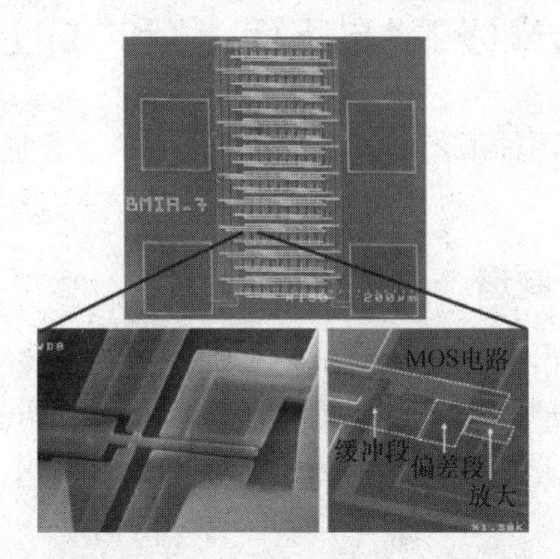

图5.16　共集成NEMS阵列（VLSI技术）及其电子电路

最后，由光学力驱动和利用本章中所述的一种技术监测NEMS振动所组成的光机械转导，使人们能够脱离电子产品。因此，NEMS阵列将通过一个光子回路寻址，其优势是光学器件固有的极宽带宽，从而使其能够同时对大量的NEMS寻址。然而，后一种方法还只是设想。

附　　录

附录 A　针对纳米线的“自下而上”和“自上而下”制造工艺

制造悬挂纳米线的两种工艺之间的不同如下：“自下而上”工艺可以被定义为添加技术；“自上而下”工艺可以被视为消除技术。

A.1　“自下而上”制造

更具体地说，制造由使用前体的生长工艺实现。这些工艺基于图 A.1 中示出的气 - 液 - 固（VLS）型生长。纳米线由金属垫（通常为金）的图案所构建。该金属被用作与气体发生化学反应的前体。在硅纳米线的情况下，该气体通常是硅烷。许多种变体在文献［SCH 09］中进行了详细的描述。

VLS 技术使人们能够获得几乎宏观的线（直径为 100μm），以及直径为几纳米的纳米线。取决于金属垫的位置，这些线可以相对支撑件垂直或水平放置。

通过 VLS 工艺获得的一个纳米线丛的扫描电子显微镜（SEM）照片和一个纳米线的透射电子显微镜（TEM）放大图如图 A.2 ~图 A.4 所示。

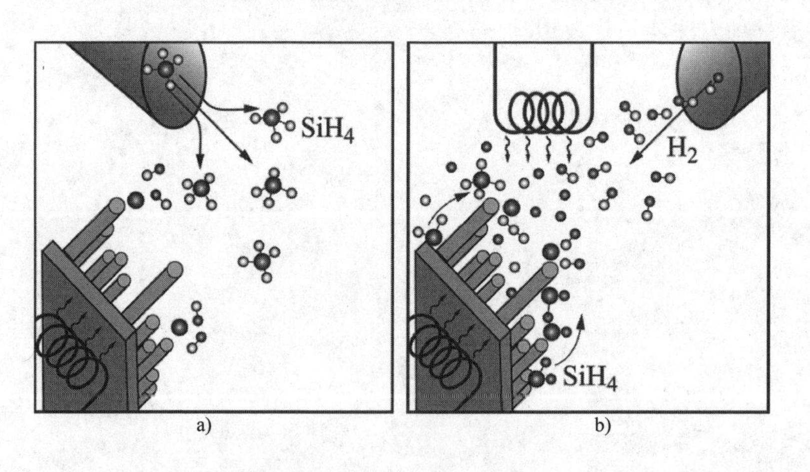

图 A.1　利用不同方法的纳米线生长（来自文献［SCH 09］）

a）化学气相沉积（CVD）　b）反应性气氛下退火

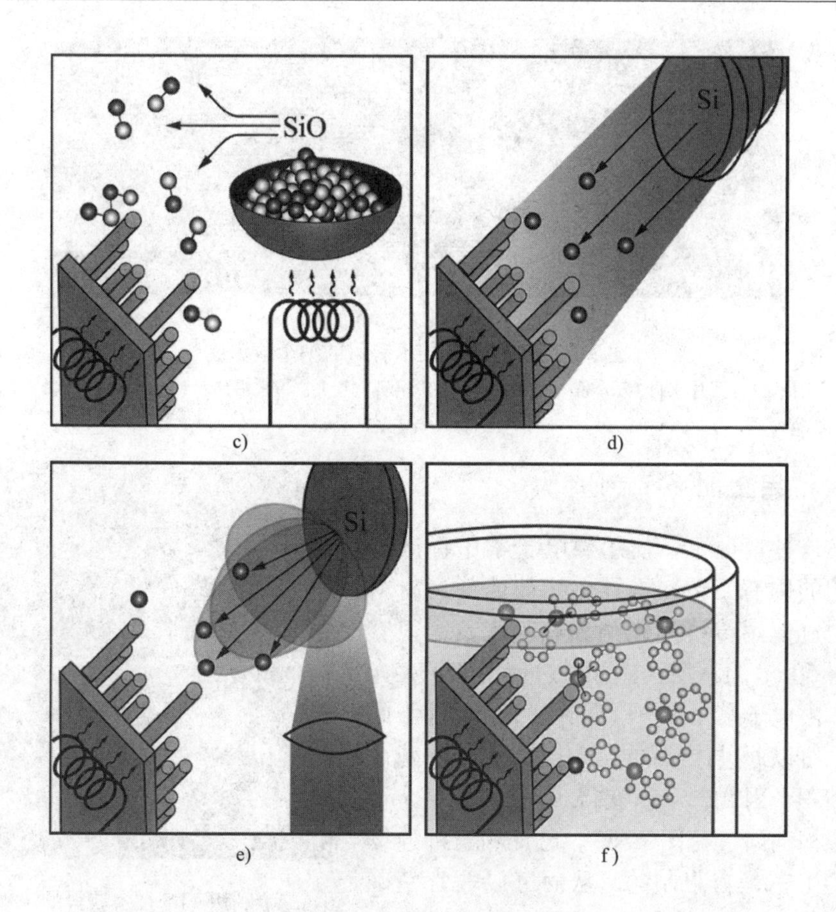

图 A.1　利用不同方法的纳米线生长（来自文献［SCH 09］）（续）
c）SiO_2蒸发　d）分子射流的分子束外延（MBE）　e）消融激光　f）反应溶液中的生长

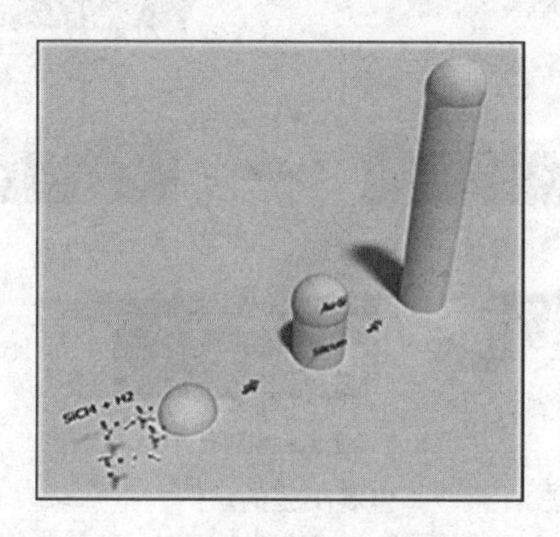

图 A.2　利用 VLS 技术的纳米线生长

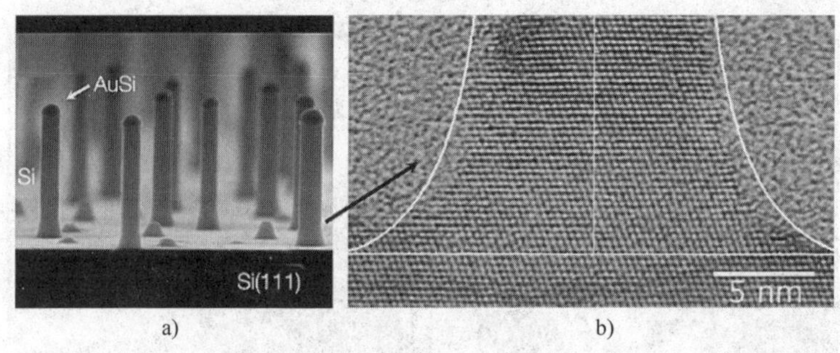

a) b)

图 A.3 通过 VLS 技术获得的纳米线示例

a) 源纳米线（图片来自 Georgiatech Institute 的 Filler 研究组） b) 沿纳米线高度方向的横截面[SCH 09]（图片来自 Max Planck Institute）

A.2 “自上而下”制造

在这种情况下，使用微电子学中标准制造工艺的固有工艺，半导体线被蚀刻到材料里。通过使用传统的光刻和蚀刻工具，很容易获得 50nm 的直径（例如通过使用电子束光刻——由电子束书写）（见图 A.5）。低于此值时，可以通过连续的热氧化/脱氧步骤减小横截面积。因此，可以获得小至 $(5\times5)\,nm^2$ 的圆形横截面（见图 A.6）。已证明这种连续氧化的工艺是自限制的，从而可以非常精确地控制线的直径[ERN 09]。

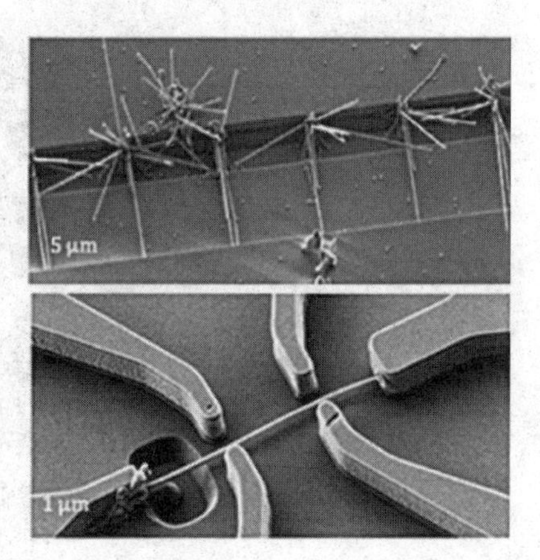

图 A.4 利用 VLS 技术获得的水平纳米线的示例[FER 13]

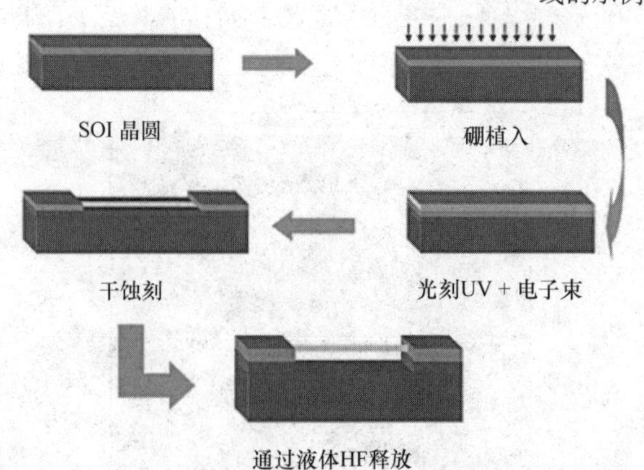

图 A.5 获得纳米线的自上而下 CMOS 工艺的示例[AYA 07]。为了控制掺杂水平，可以对表面进行植入。经典步骤或叠加紫外线（UV）的混合光刻与电子束写入被使用。随后线被蚀刻，下方放置的氧化层被进行化学蚀刻（HF：氢氟酸）。本图的彩色版本请参见 www.iste.co.uk/duraffourg/nems.zip

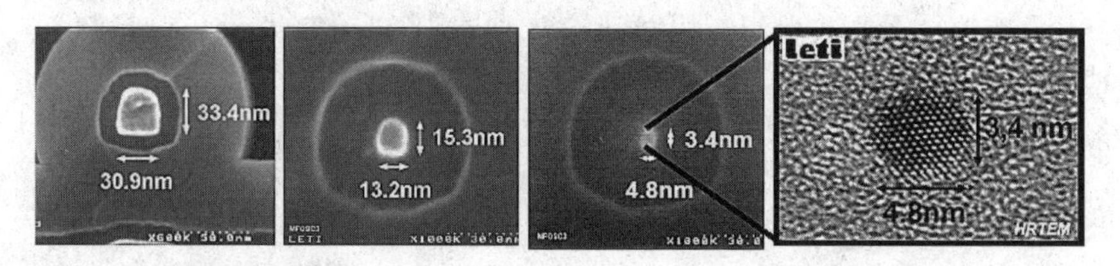

图 A.6　用于减小硅线横截面积的氧化/脱氧工艺 [ERN 09]：初始的纳米线具有（50 × 50）nm^2的正方形横截面积。在连续步骤之后，横截面完成，具有4nm 的直径

附录 B　卡西米尔力详述

要计算卡西米尔力，必须得到腔内和腔外压强之和：

$$(\hat{P}) = \sum_m \iint \frac{dk_x dk_y}{4\pi^2} \int \frac{dk_z}{2\pi} \cos^2(\theta_m(k_x,k_y,k_z))\hbar\omega_m(k_x,k_y,k_z)(1 - A_m(k_x,k_y,k_z))$$

式中，(k_x, k_y, k_z) 是入射电磁波的波矢量；符号 m 表示极化 s 和 p；θ_m (k_x, k_y, k_z) 是场在板上的入射角；ω_m (k_x, k_y, k_z) 是脉动，它根据色散关系依赖于波矢量；A_m(k_x, k_y, k_z) 是腔的艾里函数，取决于每个叶片的反射系数$r_{mslab}(\omega, k_z)$：

$$A_m(k_x,k_y,k_z) = \frac{1 - |r_{mslab}(k_x,k_y,k_z)|^2}{|1 - r_{mslab}(k_x,k_y,k_z)^2 \exp(2ik_z d)|^2}$$

式中，$r_{mslab}(\omega, k_z)$ 是平板厚度 w 和组成它们的材料的介电常数的函数。

该函数只是平板的强度反射系数。板反射本身取决于每个空气/硅和硅/空气觇孔的反射系数。指数包含代表腔内往返一次的相位项 $2k_z d$。

艾里函数显示出空腔选择正比于 $c/2d$ 的共振本征模态这一事实。因此，存在比外部更少的内部光学模态。外部压强从而高于内部压强，这趋向于使两个平面更加靠近。

为了避免极点处的发散问题，在复合平面内工作更容易实现集成。艾里函数的表达式为

$$(1 - A_m(\omega,k_z)) \equiv f_m(\omega,k_z) + f_m^*(\omega,k_z)$$

$$f_m(\omega,k_z) = \frac{r_{mslab}^2(\omega,k_z)\exp(2ik_z d)}{1 - r_{mslab}^2(\omega,k_z)\exp(2ik_z d)}$$

最好使用不含量纲的变量：

$$k_z = i\kappa \quad K = \kappa d$$

$$\omega = i\xi \quad \Omega = \frac{\xi d}{c}$$

$$x = \frac{w}{d}\sqrt{K^2 + \Omega^2(\varepsilon - 1)}$$

$$\varepsilon = \varepsilon(\omega) = \varepsilon\left(i\frac{c\Omega}{d}\right)$$

式中，K是腔内往返一次引起的投射到传播轴z并归一化的相移；Ω是归一化脉动的模拟；x的表达式对应于每个归一化板在d处的相位项。

最后，修正因数η关于板厚和使用材料的一般表达式如下：

$$\eta = \frac{120}{\pi^4}\sum_m \int_0^{+\infty} \mathrm{d}KK^3 \int_0^K \frac{\mathrm{d}\Omega}{K} f(r_m^2, K, x)$$

$$f(r_m^2, K, x) - \frac{r_m^2(1 - e^{-2x})^2 e^{-2K}}{(1 - r_m^2 e^{-2x})^2 - r_m^2(1 - e^{-2x})^2 e^{-2K}}$$

$$r_p = \frac{\sqrt{K^2 + \Omega^2(\varepsilon - 1)} - \varepsilon K}{\sqrt{K^2 + \Omega^2(\varepsilon - 1)} + \varepsilon K} \quad r_s = \frac{\sqrt{K^2 + \Omega^2(\varepsilon - 1)} - K}{\sqrt{K^2 + \Omega^2(\varepsilon - 1)} + K}$$

式中，$r_{p,s}$是觇孔在偏振p和s内的反射系数。在这个阶段，修正因数可以轻松地通过一个数字方法被整合。

如图 B.1 和图 B.2 所示，也可以通过发生在高频的表面声子－极化子耦合（UV 跃迁）和发生在低频的表面等离子体－极化子耦合（由掺杂引起的自由载流子）解释固有情况和掺杂情况之间的差异。因为掺杂只影响硅中可用的自由载流子的数量，其作用只在表面等离子体－极化子耦合中可见。因此，耦合能量在高掺杂时更高。在这两种情况下，可以区分对应于力的吸引部分的链接模式和对应于排斥贡献的反键合和键合模式。

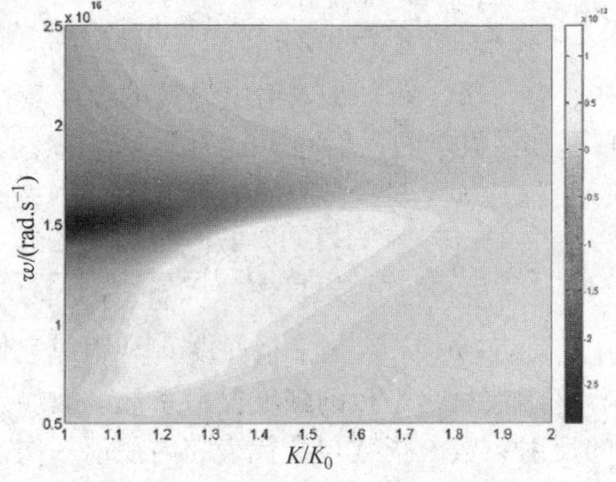

图 B.1 薄硅板（100nm）和 100nm 间隙的平面(k，w)内的能量密度，表面声子－极化子贡献（高频）。计算灵感来自 Greffet 等人[HEN 04]。本图的彩色版本请参见 www. iste. co. uk/duraffourg/nems. zip

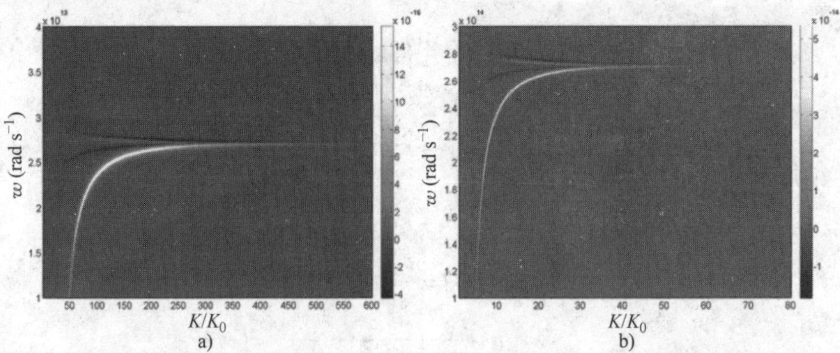

图 B.2 薄硅板（100nm）和 100nm 间隙的平面（k，w）内的能量密度——表面等离子体－极化子贡献（低频）。计算灵感来自 Greffet 等人[HEN 04]。本图的彩色版本请参见 www. iste. co. uk/duraffourg/nems. zip

a）低 P 掺杂 10^{18} cm^{-3} b）高 P 掺杂 10^{20} cm^{-3}

参考文献

[ABE 06] ABELÉ N. *et al.*, "1T MEMS memory based on suspended gate MOSFET", *Proceedings of the IEEE IEDM*, pp. 1–4, 2006.

[ACK 08] ACKERMANN B.L., BERNA M.J., ECKSTEIN J.A. *et al.*, "Current applications of liquid chromatography/mass spectrometry in pharmaceutical discovery after a decade of innovation", *Annual Review of Analytical Chemistry*, vol. 1, pp. 357–396, 2008.

[AKA 09] AKARVARDAR K., WONG H.-S.P., "Analog nanoelectromechanical relay with tunable transconductance", *Electron Device Letters*, vol. 30, pp. 1143–1145, 2009.

[AKS 03] AKSYUK V.A. *et al.*, "Beam-steering micromirrors for large optical", *Journal of Lightwave Technology*, vol. 21, pp. 634–642, 2003.

[AND 06] ANDREUCCI P. *et al.*, "Impact of Casimir force on nano accelerometers", *Proceedings of the IEEE Sensors Conference*, pp. 1057–1060, 2006.

[AND 07] ANDREUCCI P. *et al.*, "Impact of Casimir force on nano accelerometers modeling", *Proceedings of the Transducers Conference*, vol. 33, pp. 1681–1684, 2007.

[ANE 08] ANETSBERGER G., RIVIÈRE R., SCHLIESSER A. *et al.*, "Ultralow-dissipation optomechanical resonators on a chip", *Nature Photonics*, vol. 2, pp. 627–633, 2008.

[ANE 09] ANETSBERGER G. *et al.*, "Near-field cavity optomechanics with nanomechanical oscillators", *Nature Physics*, vol. 5, pp. 909–914, 2009.

[ARC 08] ARCAMONE J. *et al.*, "Full-wafer fabrication by nanostencil lithography of micro/nanomechanical mass sensors monolithically integrated with CMOS", *Nanotechnology*, vol. 19, 305302, 2008.

[ARC 10] ARCAMONE J., COLINET E., NIEL A. *et al.*, "Efficient capacitive transduction of high-frequency micromechanical resonators by intrinsic cancellation of parasitic feedthrough capacitances", *Applied Physics Letters*, vol. 97, 043505, 2010.

[ARC 11] ARCAMONE J. *et al.*, "VLSI silicon multi-gas analyzer coupling gas chromatography and NEMS detectors", *Proceedings of the IEEE IEDM*, pp. 669–672, 2011.

[ARC 12] ARCAMONE J. *et al.*, "VLSI platform for the monolithic integration of single-crystal Si NEMS capacitive resonators with low-cost CMOS", *Proceedings of the IEEE IEDM*, pp. 359–362, 2012.

[ARC 14] ARCAMONE J. *et al.*, “VHF NEMS-CMOS piezoresistive resonators for advanced sensing applications”, *Nanotechnology*, vol. 25, 435501, 2014.

[ARD 12] ARDITOA R., FRANGIA A., CORIGLIANOA A. *et al.*, “The effect of nano-scale interaction forces on the premature pull-in of real-life micro-electro-mechanical systems”, *Microelectronics Reliability*, vol. 52, pp. 271–281, 2012.

[ARL 06] ARLETT J.L., MALONEY J.R., GUDLEWSKI B. *et al.*, “Self-sensing micro and nanocantilevers with Attonewton-scale force resolution”, *Nano Letters*, vol. 6, pp. 1000–1006, 2006.

[ARN 11] ARNDT G. *et al.*, “A design methodology for fully integrated MEMS and NEMS Pierce oscillators”, *Sensors and Actuators A: Physical*, vol. 172, pp. 293–300, 2011.

[ARN 12] ARNDT G. *et al.*, “Towards ultra-dense arrays of VHF NEMS with FDSOI-CMOS active pixels for sensing applications”, *Proceedings of the IEEE ISSCC Conference*, vol. 54, pp. 320–322, 2012.

[ASP 13] ASPELMEYER M., KIPPENBERG T.J., MARQUARDT F. (eds), *Cavity Optomechanics*, arXiv 1303.0733, pp. 1–65, 2013.

[AYA 07] AYARI A. *et al.*, “Self-oscillations in field emission nanowire mechanical resonators: a nanometric dc − ac conversion”, *Nano Letters*, vol. 7, pp. 2252–2257, 2007.

[AYM 83] AYMERICH-HUMER X., SERRA-MESTRES F., MILLAN J., “A generalized approximation of the Fermi-Dirac integrals”, *Journal of Applied Physics*, vol. 54, pp. 2850–2851, 1983.

[BAL 05] BALTES H. *et al.*, *CMOS-MEMS (Advanced Micro & Nanosystems)*, Wiley-VCH Verlag, Berlin, vol. 2, 2005.

[BAN 00] BANNON F.D., MEMBER S., CLARK J.R. *et al.*, “High-Q HF microelectromechanical filters”, *IEEE Journal of Solid-State Circuits*, vol. 35, pp. 512–526, 2000.

[BAN 07] BANTSCHEFF M., SCHIRLE M., SWEETMAN G. *et al.*, “Quantitative mass spectrometry in proteomics: a critical review”, *Analytical and Bioanalytical Chemistry*, vol. 389, pp. 1017–1031, 2007.

[BAO 02] BAO M., YANG H., YIN H. *et al.*, “Energy transfer model for squeeze-film air damping in low vacuum”, *Journal of Micromechanics and Microengineering*, vol. 12, pp. 341–346, 2002.

[BAR 05] BARGATIN I., MYERS E.B., ARLETT J. *et al.*, “Sensitive detection of nanomechanical motion using piezoresistive signal downmixing”, *Applied Physics Letters*, vol. 86, p. 133109, 2005.

[BAR 07] BARGATIN I., KOZINSKY I., ROUKES M.L., “Efficient electrothermal actuation of multiple modes of high-frequency nanoelectromechanical resonators”, *Applied Physics Letters*, vol. 90, p. 093116, 2007.

[BAR 09] BARLIAN B.A.A., PARK W., MALLON J.R. *et al.*, "Review: semiconductor piezoresistance for microsystems", *Proceedings of the IEEE*, vol. 97, pp. 513–552, 2009.

[BAR 11] BARBOUR N., HOPKINS R., KOUREPENIS A., "Inertial MEMS Systems and Applications", Lectures of NATO Science and Technology Organization – Low-Cost Navigation Sensors and Integration Technology, vol. 116, pp. 1–18, 2011.

[BAR 12a] BARGATIN I. *et al.*, "Large-scale integration of nanoelectromechanical systems for gas sensing applications", *Nano Letters*, vol. 12, pp. 1269–1274, 2012.

[BAR 12b] BARTSCH S.T., DUPRÉ C., OLLIER E. *et al.*, "Resonant-body silicon nanowire field effect transistor without junctions", *Proceedings of the IEEE IEDM 2013*, vol. 450, pp. 225–226, 2012.

[BAR 12c] BARTSCH S.T., LOVERA A., GROGG D. *et al.*, "Nanomechanical silicon resonators with intrinsic tunable gain and sub-NW power consumption", *ACS Nano*, vol. 6, pp. 256–264, 2012.

[BAR 12d] BARTSCH S.T., RUSU A., IONESCU A.M., "Phase-locked loop based on nanoelectromechanical resonant-body field effect transistor", *Applied Physics Letters*, vol. 101, p. 153116, 2012.

[BAR 14] BARTSCH S.T., ARP M., IONESCU A.M., "Junctionless silicon nanowire resonator", *IEEE Journal of the Electron Devices Society*, vol. 2, pp. 8–15, 2014.

[BAT 07] BATRA R.C., PORFIRI M., SPINELLO D., "Effects of Casimir force on pull-in instability in micromembranes", *Europhysics Letters*, vol. 77, 20010, 2007.

[BAT 12] BATUDE P. *et al.*, "3-D sequential integration: a key enabling technology for heterogeneous co-integration of new function with CMOS", *IEEE Journal on Emerging and Selected Topics in Circuits and Systems*, vol. 2, pp. 714–722, 2012.

[BEL 05] BELL D.J., LU T.J., FLECK N. *et al.*, "MEMS actuators and sensors: observations on their performance and selection for purpose", *Journal of Micromechanics and Microengineering*, vol. 15, pp. S153–S164, 2005.

[BIL 09] BILHAUT L., Actionnement magnétique à l'échelle nanométrique, PhD thesis, Joseph-Fourier University, Grenoble, France, pp. 1–183, 2009.

[BJÖ 09] BJÖRK M.T., SCHMID H., KNOCH J. *et al.*, "Donor deactivation in silicon nanostructures", *Nature nanotechnology*, vol. 4, pp. 103–107, 2009.

[BLA 03] BLAIS A., "Algorithmes et architectures pour ordinateurs quantiques supraconducteurs", *Annales de Physique*, vol. 28, pp. 1–148, 2003.

[BLE 04] BLENCOWE M.P., "Quantum electromechanical systems", *Physics Reports*, vol. 395, pp. 159–222, 2004.

[BLE 08] BLENCOWE M.P., "SQUIDs at the limit", *Nature Physics*, vol. 4, pp. 8–9, 2008.

[BOS 00] BOSTRÖM M., SERNELIUS B.E., "Thermal effects on the Casimir force in the 0.1-5 mm range", *Physical Review Letters*, vol. 84, pp. 4757–4760, 2000.

[BRA 85] BRAGINSKY V.B., MITROFANOV V.P., PANOV V.I., *Systems with Small Dissipation*, The University of Chicago Press, Chicago and London, 1985.

[BRA 92] BRAGINSKY V.B., KHALILI F.Y., *Quantum Measurement*, Cambridge University Press, Cambridge, 1992.

[BUS 98] BUSTILLO J.M., HOWE R.T., MULLER R.S., "Surface micromachining for micro-electro mechanical systems", *Proceedings of the IEEE*, vol. 86, pp. 1552–1574, 1998.

[CAH 03] CAHILL D.G. *et al.*, "Nanoscale thermal transport", *Journal of Applied Physics*, vol. 93, pp. 793–818, 2003.

[CAL 85] CALLEN H.B., *Thermodynamics and an Introduction to Thermostatistics*, Wiley, New York, 1985.

[CAP 01] CAPASSO F., "Quantum mechanical actuation of microelectromechanical systems by the Casimir force", *Science*, vol. 291, pp. 1941–1944, 2001.

[CAR 07] CARMON T., VAHALA K., "Modal spectroscopy of optoexcited vibrations of a micron-scale on-chip resonator at greater than 1 GHz frequency", *Physical Review Letters*, vol. 98, pp. 123–901, 2007.

[CAS 48] CASIMIR H.B.G., POLDER D., "The influence of retardation on the London–Van der Waals forces", *Physical Review*, vol. 73, pp. 360–372, 1948.

[CAV 82] CAVES C.M., "Quantum limits on noise in linear amplifiers", *Physical Review D*, vol. 26, pp. 1817–1839, 1982.

[CHA 01] CHAN H.B., AKSYUK V.A., KLEIMAN R.N. *et al.*, "Nonlinear micromechanical Casimir oscillator", *Physical Review Letters*, vol. 87, pp. 211801-1–211801-4, 2001.

[CHA 12] CHASTE J. *et al.*, "A nanomechanical mass sensor with yoctogram resolution", *Nature Nanotechnology*, vol. 7, pp. 301–304, 2012.

[CHO 09] CHONG S. *et al.*, "Nanoelectromechanical (NEM) relays integrated with CMOS SRAM for improved stability and low leakage", *Proceedings of the IEEE ICCAD*, pp. 478–484, 2009.

[CLE 02a] CLELAND A.N., ALDRIDGE J.S., DRISCOLL D.C. *et al.*, "Nanomechanical displacement sensing using a quantum point contact", *Applied Physics Letters*, vol. 81, p. 1699, 2002.

[CLE 02b] CLELAND A.N., ROUKES M.L., "Noise processes in nanomechanical resonators", *Journal of Applied Physics*, vol. 92, pp. 2758–2769, 2002.

[CLE 09] CLELAND A.N., "Photons refrigerating phonons", *Nature Physics*, vol. 5, pp. 458–460, 2009.

[COH 98] COHEN-TANNOUDJI C.N., "Manipulating atoms with photons", *Reviews of Modern Physics*, vol. 70, pp. 707–719, 1998.

[COL 90] COLINGE J., "Conduction mechanisms in thin-film accumulation-mode SOI p-channel MOSFET's", *IEEE Transactions on Electron Devices*, vol. 37, pp. 718–723, 1990.

[COL 09a] COLINET E. *et al.*, "Self-oscillation conditions of a resonant nanoelectromechanical mass sensor", *Journal of Applied Physics*, vol. 105, p. 124908, 2009.

[COL 09b] COLINET E. *et al.*, "Ultra-sensitive capacitive detection based on SGMOSFET compatible with front-end CMOS process", *IEEE Journal of Solid-State Circuits*, vol. 44, pp. 1–11, 2009.

[COL 10] COLINGE J. *et al.*, "Nanowire transistors without junctions", *Nature Nanotechnology*, vol. 5, pp. 225–229, 2010.

[COU 01] COURTY J., HEIDMANN A., PINARD M., "Quantum limits of cold damping with optomechanical coupling", *The European Physical Journal D*, vol. 17, pp. 399–408, 2001.

[DIA 07] DIARRA M., NIQUET Y., DELERUE C. *et al.*, "Ionization energy of donor and acceptor impurities in semiconductor nanowires: importance of dielectric confinement", *Physical Review B*, vol. 75, 045301, 2007.

[DIN 01] DING J., WEN S., MENG Y., "Theoretical study of the sticking of a membrane strip in MEMS under the Casimir effect", *Journal of Micromechanics and Microengineering*, vol. 11, pp. 202–208, 2001.

[DOM 06] DOMON B., AEBERSOLD R., "Mass spectrometry and protein analysis", *Science*, vol. 312, pp. 212–218, 2006.

[DRE 07] DRESSELHAUS M.S. *et al.*, "New directions for low-dimensional thermoelectric materials", *Advanced Materials*, vol. 19, pp. 1043–1053, 2007.

[DUR 06] DURAFFOURG L., ANDREUCCI P., "Casimir force between doped silicon slabs", *Physics Letters A*, vol. 359, pp. 406–411, 2006.

[DUR 08a] DURAFFOURG L. *et al.*, "Compact and explicit physical model for lateral metal-oxide-semiconductor field-effect transistor with nanoelectromechanical system based resonant gate", *Applied Physics Letters*, vol. 92, pp. 174106, 2008.

[DUR 08b] DURAND C. *et al.*, "Characterization of in-IC integrable in-plane nanometer scale resonators fabricated by a silicon on nothing advanced CMOS technology", *Proceedings of the IEEE MEMS conference*, pp. 1016–1019, 2008.

[DUR 08c] DURAND C. *et al.*, "In-plane silicon-on-nothing nanometer-scale resonant suspended gate MOSFET for in-IC integration perspectives", *IEEE Electron Device Letters*, vol. 29, pp. 494–496, 2008.

[EIC 07] EICHENFIELD M., MICHAEL C.P., PERAHIA R. *et al.*, "Actuation of micro-optomechanical systems via cavity-enhanced optical dipole forces", *Nature Photonics*, vol. 1, pp. 416–422, 2007.

[EIC 09] EICHENFIELD M., CAMACHO R., CHAN J. *et al.*, "A picogram- and nanometre-scale photonic-crystal optomechanical cavity", *Nature*, vol. 459, pp. 550–555, 2009.

[EKI 02] EKINCI K.L., YANG Y.T., HUANG X.M.H. *et al.*, "Balanced electronic detection of displacement in nanoelectromechanical systems", *Applied Physics Letters*, vol. 81, pp. 2253–2255, 2002.

[EKI 04a] EKINCI K.L., HUANG X.M.H., ROUKES M.L., "Ultrasensitive nanoelectromechanical mass detection", *Applied Physics Letters*, vol. 84, pp. 4469–4471, 2004.

[EKI 04b] EKINCI K.L., YANG Y.T., ROUKES M.L. *et al.*, "Ultimate limits to inertial mass sensing based upon nanoelectromechanical systems", *Journal of Applied Physics*, vol. 95, pp. 2682–2689, 2004.

[EOM 11] EOM K., PARK H.S., YOON D.S. *et al.*, "Nanomechanical resonators and their applications in biological/chemical detection: nanomechanics principles", *Physics Reports*, vol. 503, pp. 115–163, 2011.

[ERB 01] ERBE A., WEISS C., ZWERGER W. *et al.*, "Nanomechanical resonator shuttling single electrons at radio frequencies", *Physical Review Letters*, vol. 87, pp. 096106-1–096106-4, 2001.

[ERN 09] ERNST T. *et al.*, A 3D stacked nanowire technology – applications in advanced CMOS and beyond, International Conference on Frontiers of Characterization and Metrology for Nanoelectronics, 2009.

[ETA 08] ETAKI S. *et al.*, "Motion detection of a micromechanical resonator embedded in a d.c. SQUID", *Nature Physics*, vol. 4, pp. 785–788, 2008.

[ETT 14] ETTELT D. *et al.*, "3D magnetic field sensor concept for use in inertial measurement units (IMUs)", *Journal of Microelectromechanical Systems*, vol. 23, pp. 324–333, 2014.

[FAN 11] FANGET S. *et al.*, "Gas sensors based on gravimetric detection – a review", *Sensors and Actuators B: Chemical*, vol. 160, pp. 804–821, 2011.

[FED 08] FEDDER G.K., HOWE R.T., LIU T.K. *et al.*, "Technologies for cofabricating MEMS and electronics", *Proceedings of the IEEE*, vol. 96, pp. 306–322, 2008.

[FEN 07] FENG X.L., HE R., YANG P. *et al.*, "Very high frequency silicon nanowire electromechanical resonators", *Nano Letters*, vol. 7, pp. 1953–1959, 2007.

[FER 13] FERNANDEZ-REGULEZ M. *et al.*, "Horizontally patterned Si nanowire growth for nanomechanical devices", *Nanotechnology*, vol. 24, 095303, 2013.

[FON 02] FON W., SCHWAB K.C., WORLOCK J.M. *et al.*, "Phonon scattering mechanisms in suspended nanostructures from 4 to 40 K", *Physical Review B*, vol. 66, pp. 045302-1–045302-5, 2002.

[GAD 99] GAD-EL-HAK M., "The fluid mechanics of microdevices – the Freeman Scholar Lecture", *Journal of Fluids Engineering*, vol. 121, pp. 5–33, 1999.

[GIG 06] GIGAN S. *et al.*, "Self-cooling of a micromirror by radiation pressure", *Nature*, vol. 444, pp. 67–70, 2006.

[GOR 98] GORELIK L.Y. *et al.*, "Shuttle mechanism for charge transfer in Coulomb blockade nanostructures", *Physical Review Letters*, vol. 80, pp. 4526–4529, 1998.

[GOU 10] GOUTTENOIRE V. *et al.*, "Digital and FM demodulation of a doubly clamped single-walled carbon-nanotube oscillator: towards a nanotube cell phone", *Small*, vol. 6, pp. 1060–1065, 2010.

[GRO 04] GROB R.L., BARRY E.F., *Modern Practice of Gas Chromatography*, Wiley-Interscience, New York, 2004.

[GRO 08a] GROGG D., TEKIN H.C., MAZZA M. *et al.*, "Laterally vibrating-body double gate MOSFET with improved signal detection references", *Proceedings of the Device Research Conference*, pp. 155–156, 2008.

[GRO 08b] GROGG D. *et al.*, "Double gate movable body micro-electro-mechanical FET as hysteretic switch: application to data transmission systems", *Proceedings of the IEEE IEDM*, pp. 302–305, 2008.

[GRÖ 09] GRÖBLACHER S. *et al.*, "Demonstration of an ultracold micro-optomechanical oscillator in a cryogenic cavity", *Nature Physics*, vol. 5, pp. 485–488, 2009.

[GRY 10] GRYNBERG G., ASPECT A., FABRE C., *Introduction to Quantum Optics from the Semi-classical Approach to Quantized Light*, Cambridge University Press, 2010.

[GUO 04] GUO J., ZHAO Y., "Influence of Van der Waals and Casimir forces on electrostatic torsional actuators", *Journal of Microelectromechanical Systems*, vol. 13, pp. 1027–1035, 2004.

[HAL 13] HALL H.J., RAHAFROOZ A., BROWN J.J. *et al.*, "I-shaped thermally actuated VHF resonators with submicron components", *Sensors and Actuators A: Physical*, vol. 195, pp. 160–166, 2013.

[HAN 12] HANAY M.S. *et al.*, "Single-protein nanomechanical mass spectrometry in real time", *Nature Nanotechnology*, vol. 7, pp. 602–608, 2012.

[HAR 00] HARLEY J.A., KENNY T.W., "1/f noise considerations for the design and process optimization of piezoresistive cantilevers", *Journal of Microelectromechanical Systems*, vol. 9, pp. 226–235, 2000.

[HE 06] HE R., YANG P., "Giant piezoresistance effect in silicon nanowires", *Nature Nanotechnology*, vol. 1, pp. 42–46, 2006.

[HE 08] HE R., FENG X.L., ROUKES M.L. *et al.*, "Self-transducing silicon nanowire electromechanical systems at room", *Nano Letters*, vol. 8, pp. 1756–1761, 2008.

[HEC 08] HECK A.J.R., "Native mass spectrometry: a bridge between interactomics and structural biology", *Nature Methods*, vol. 5, pp. 927–933, 2008.

[HEN 04] HENKEL C., JOULAIN K., MULET J.-P. *et al.*, "Coupled surface polaritons and the Casimir force", *Physical Review A*, vol. 69, p. 023808, 2004.

[HEN 07] HENTZ S. *et al.*, "Importance of non-linearities and of quantum forces in NEMS design: modeling and experimental comparison", *Proceedings of the APCOM*, 2007.

[HER 54] HERRING C., VOGT E., "Transport and deformation-potential theory for many-valley semiconductors with anisotropic scattering", *Physical Review*, vol. 101, pp. 944–961, 1954.

[HER 09] HERTZBERG J.B. *et al.*, "Back-action-evading measurements of nanomechanical motion", *Nature Physics*, vol. 6, pp. 213–217, 2009.

[HOC 08] HOCHBAUM A.I. *et al.*, "Enhanced thermoelectric performance of rough silicon nanowires", *Nature*, vol. 451, pp. 163–168, 2008.

[HON 08] HONG K., KIM J., LEE S. *et al.*, "Strain-driven electronic band structure modulation of Si nanowires", *Nano Letters*, vol. 8, pp. 1335–1341, 2008.

[HOS 10] HOSSEIN-ZADEH M., VAHALA K.J., MEMBER S., "An optomechanical oscillator on a silicon chip", *IEEE Journal of Selected Topics in Quantum Electronics*, vol. 16, pp. 276–287, 2010.

[HSU 02] HSUEH C.-H., "Modeling of elastic deformation of multilayers due to residual stresses and external bending", *Journal of Applied Physics*, vol. 91, pp. 9652–9656, 2002.

[HU 05] HU Q., NOLL R.J., LI H. *et al.*, "The orbitrap: a new mass spectrometer", *Journal of Mass Spectrometry*, vol. 40, pp. 430–443, 2005.

[HUA 08] HUANG W. *et al.*, "Fully monolithic CMOS nickel microresonator oscillator", *Proceedings of the IEEE MEMS Conference*, pp. 3–6, 2008.

[HUS 03] HUSAIN A. *et al.*, "Nanowire-based very-high-frequency electromechanical resonator", *Applied Physics Letters*, vol. 83, pp. 1240–1242, 2003.

[ILC 06] ILCHENKO V.S., MATSKO A.B., "Optical resonators with whispering-gallery modes – part II: applications", *IEEE Journal of Quantum Electronics*, vol. 12, pp. 15–32, 2006.

[ILI 04] ILIC B., YANG Y., CRAIGHEAD H.G., "Virus detection using nanoelectromechanical devices", *Applied Physics Letters*, vol. 85, pp. 2604–2606, 2004.

[INT 13] INTRAVAIA F. *et al.*, "Strong Casimir force reduction through mctallic surface nanostructuring", *Nature Communications*, vol. 4, p. 2515, 2013.

[IVA 11] IVALDI P. *et al.*, "50 nm thick AlN film-based piezoelectric cantilevers for gravimetric detection", *Journal of Micromechanics and Microengineering*, vol. 21, 085023, 2011.

[JEN 07] JENSEN K., WELDON J., GARCIA H. *et al.*, "Nanotube radio", *Nano Letters*, vol. 7, pp. 3508–3511, 2007.

[JOU 09] JOURDAN G., LAMBRECHT A., COMIN F. *et al.*, "Quantitative non-contact dynamic Casimir force measurements", *Europhysics Letters*, vol. 85, p. 31001, 2009.

[JOU 13] JOURDAN G. *et al.*, "NEMS-based heterodyne self-oscillator", *Sensors and Actuators A: Physical*, vol. 189, pp. 512–518, 2013.

[JU 05] JU Y.S., "Phonon heat transport in silicon nanostructures", *Applied Physics Letters*, vol. 87, p. 153106, 2005.

[KAC 09] KACEM N., HENTZ S., PINTO D. *et al.*, "Nonlinear dynamics of nanomechanical beam resonators: improving the performance of NEMS-based sensors", *Nanotechnology*, vol. 20, 275501, 2009.

[KAC 10] KACEM N., ARCAMONE J., PEREZ-MURANO F. *et al.*, "Dynamic range enhancement of nonlinear nanomechanical resonant cantilevers for highly sensitive NEMS gas/mass sensor", *Journal of Micromechanics and Microengineering*,vol. 20, 045023, 2010.

[KAN 82] KANDA Y., "A graphical representation of the piezoresistance coefficients in silicon", *IEEE Transactions on Electron Devices*, vol. 29, pp. 64–70, 1982.

[KAR 09] KARABALIN R.B. *et al.*, "Piezoelectric nano electromechanical resonators based on aluminum nitride thin films", *Applied Physics Letters*, vol. 95, 103111, 2009.

[KIM 12] KIM K.H., KIM B.H., SEO Y.H., "A noncontact intraocular pressure measurement device using a micro reflected air pressure sensor for the prediagnosis of glaucoma", *Journal of Micromechanics and Microengineering*, vol. 22, 035022, 2012.

[KIP 08] KIPPENBERG T.J., VAHALA K.J., "Cavity optomechanics: back-action at the mesoscale", *Science*, vol. 321, pp. 1172–1176, 2008.

[KIT 98] KITTEL C., *Physique de l'état solide*, Dunod, Paris, p. 610, 1998.

[KLI 09] KLIMCHITSKAYA G.L., MOSTEPANENKO V.M., "The Casimir force between real materials: experiment and theory", *Reviews of Modern Physics*, vol. 81, pp. 1827–1885, 2009.

[KNO 03] KNOBEL R.G., CLELAND A.N., "Nanometre-scale displacement sensing using a single electron transistor", *Nature*, vol. 424, pp. 291–293, 2003.

[KOU 11] KOUMELA A. *et al.*, "Piezoresistance of top-down suspended Si nanowires", *Nanotechnology*, vol. 22, 395701, 2011.

[KOU 13] KOUMELA A. *et al.*, "High frequency top-down junction-less silicon nanowire resonators", *Nanotechnology*, vol. 24, 435203, 2013.

[LAH 04] LAHAYE M.D., BUU O., CAMAROTA B. *et al.*, "Approaching the quantum limit of a nanomechanical resonator", *Science*, vol. 304, pp. 74–77, 2004.

[LAH 09] LAHAYE M.D., SUH J., ECHTERNACH P.M. *et al.*, "Nanomechanical measurements of a superconducting qubit", *Nature*, vol. 459, pp. 960–964, 2009.

[LAH 13] LAHTEENMAKI P., PARAOANU G.S., HASSEL J., "Dynamical Casimir effect in a Josephson metamaterial", *Proceedings of the National Academy of Sciences*, vol. 110, pp. 4234–4238, 2013.

[LAM 97] LAMOREAUX S.K., "Demonstration of the Casimir force in the 0.6 to 6 mm range", *Physical Review Letters*, vol. 78, pp. 5–8, 1997.

[LAM 07a] LAMBRECHT A., PIROZHENKO I., DURAFFOURG L. *et al.*, "The Casimir effect for silicon and gold slabs", *Europhysics Letters*, vol. 77, p. 44006, 2007.

[LAM 07b] LAMOREAUX S.K., "Casimir forces: still surprising after 60 years", *Physics Today*, vol. 60, pp. 40–45, 2007.

[LEE 08] LEE H.J., PARK K.K., ORALKAN O. *et al.*, "CMUT as a chemical sensor for DMMP detection", *IEEE International Frequency Control Symposium*, pp. 434–439, 2008.

[LEU 04] LEUS V., ELATA D., Fringing field effect in electrostatic actuators, Technical report ETR-2004-2 from TECHNION – Israel Institute of Technology, Faculty of Mechanical Engineering, 2004.

[LI 03] LI D. *et al.*, "Thermal conductivity of individual silicon nanowires", *Applied Physics Letters*, vol. 83, pp. 2934–2936, 2003.

[LI 07] LI M.O., TANG H.X., ROUKES M.L., "Ultra-sensitive NEMS-based cantilevers for sensing, scanned probe and very high-frequency applications", *Nature Nanotechnology*, vol. 2, pp. 114–120, 2007.

[LI 08] LI M., PERNICE W.H.P., XIONG C. *et al.*, "Harnessing optical forces in integrated photonic circuits", *Nature*, vol. 456, pp. 480–485, 2008.

[LI 13] LI S., "Advances of CMOS-MEMS technology for resonator applications", *Proceedings of the IEEE NEMS Conference*, vol. 1, pp. 5–8, 2013.

[LIF 08] LIFSHITZ R., CROSS M.C., *Reviews of Nonlinear Dynamics and Complexity*, in SCHUSTER H.G. (ed.), Wiley, New York, 2008.

[LIN 09] LIN Q., ROSENBERG J., JIANG X. *et al.*, "Mechanical oscillation and cooling actuated by the optical gradient force", *Physical Review Letters*, vol. 103, p. 103601, 2009.

[LIN 10] LIN Q. *et al.*, "Coherent mixing of mechanical excitations in nano-optomechanical structures", *Nature Photonics*, vol. 4, pp. 236–242, 2010.

[LIU 05] LIU X. *et al.*, "A loss mechanism study of a very high Q silicon micromechanical oscillator", *Journal of Applied Physics*, vol. 97, p. 023524, 2005.

[LOH 12] LOH O.Y., ESPINOSA H.D., "Nanoelectromechanical contact switches", *Nature Nanotechnology*, vol. 7, pp. 283–295, 2012.

[LOP 09] LOPEZ J.L. *et al.*, "Integration of RF-MEMS resonators on submicrometric commercial CMOS technologies", *Journal of Micromechanics and Microengineering*, vol. 19, 015002, 2009.

[LUN 04] LUND E., FINSTAD T.G., "Design and construction of a four-point bending based set-up for measurement of piezoresistance in semiconductors", *Review of Scientific Instruments*, vol. 75, p. 4960, 2004.

[MA 12] MA J., POVINELLI M.L., "Applications of optomechanical effects for on-chip manipulation of light signals", *Current Opinion in Solid State and Materials Science*, vol. 16, pp. 82–90, 2012.

[MAD 11] MADOU M., *Fundamentals of Microfabrication*, CRC Press, Boca Raton, Flonda, USA, 2011.

[MAH 12] MAHBOOB I., NISHIGUCHI K., OKAMOTO H. *et al.*, "Phonon-cavity electromechanics", *Nature Physics*, vol. 8, pp. 387–392, 2012.

[MAK 00] MAKAROV A., "Electrostatic axially harmonic orbital trapping: a high-performance technique of mass analysis", *Analytical Chemistry*, vol. 72, pp. 1156–1162, 2000.

[MAR 12] MARATHE R., WANG W., WEINSTEIN D., "Si-based unreleased hybrid MEMS-CMOS resonators in 32 nm technology", *Proceedings of the IEEE MEMS conference*, pp. 1–4, 2012.

[MAR 14] MARATHE R. *et al.*, "Resonant body transistors in IBM's 32 nm", *Journal of Microelectromechanical Systems*, vol. 23, pp. 636–650, 2014.

[MAT 06] MATSKO A.B., ILCHENKO V.S., "Optical resonators with whispering-gallery modes – part I: basics", *IEEE Journal of Quantum Electronics*, vol. 12, pp. 3–14, 2006.

[MET 08] METZGER C., FAVERO I., ORTLIEB A. *et al.*, "Optical self cooling of a deformable Fabry-Perot cavity in the classical limit", *Physical Review B*, vol. 78, 035309, 2008.

[MID 00] MIDZOR M.M. *et al.*, "Imaging mechanisms of force detected FMR microscopy", *Journal of Applied Physics*, vol. 87, p. 6493, 2000.

[MIL 10] MILE E. *et al.*, "In-plane nanoelectromechanical resonators based on silicon nanowire piezoresistive detection", *Nanotechnology*, vol. 21, 165504, 2010.

[MUN 09] MUNDAY J.N., CAPASSO F., PARSEGIAN V.A., "Measured long-range repulsive Casimir-Lifshitz forces", *Nature*, vol. 457, pp. 170–173, 2009.

[MUÑ 13] MUÑOZ-GAMARRA J.L. *et al.*, "Integration of NEMS resonators in a 65nm CMOS technology", *Microelectronic Engineering*, vol. 110, pp. 246–249, 2013.

[NAI 06] NAIK A.K., *et al.*, "Cooling a nanomechanical resonator with quantum back-action", *Nature*, vol. 443, pp. 193–196, 2006.

[NAI 09] NAIK A.K., HANAY M.S., HIEBERT W.K. *et al.*, "Towards single-molecule nanomechanical mass spectrometry", *Nature Nanotechnology*, vol. 4, pp. 445–

450, 2009.

[NAK 90] NISHIYAMA H., NAKAMURA M., "Capacitance of a strip capacitor" *IEEE Transactions on Components Hybrids and Manufacturing Technology*, vol. 13, pp. 417–423, 1990.

[NAK 99] NAKAMURA Y., PASHKIN Y.A., TSAI J.S., "Coherent control of macroscopic quantum states in a single-Cooper-pair box", *Nature*, vol. 398, pp. 786–788, 1999.

[NAT 67] NATHANSON H.C., NEWELL W.E., WICKSTROM R.A. *et al.*, "The resonant gate transistor", *IEEE Transactions on Electron Devices*, vol. ED-14, pp. 117–133, 1967.

[NAY 04] NAYFEH A.H., *Applied Nonlinear Dynamics and Experimental Methods*, Wiley-VCH Verlag GmbH, Berlin, 2004.

[NET 05a] NETO P.A.M., LAMBRECHT A., REYNAUD S., "Casimir effect with rough metallic mirrors", *Physical Review A*, vol. 72, 012115, 2005.

[NET 05b] NETO P.A.M., LAMBRECHT A., REYNAUD S., "Roughness correction to the Casimir force: beyond the proximity force approximation", *Europhysics Letters (EPL)*, vol. 69, pp. 924–930, 2005.

[NGU 99] NGUYEN C.T.-C., HOWE R.T., "An integrated CMOS micromechanical resonator high-Q oscillator", *IEEE Journal of Solid-State Circuits*, vol. 34, pp. 440–455, 1999.

[NGU 00] NGUYEN C.T., "Micromechanical circuits for communication transceivers", *Proceedings of the Bipolar/BiCMOS Circuits and Technology Meeting*, pp. 142–149, 2000.

[O'CO 10] O'CONNELL A.D. *et al.*, "Quantum ground state and single-phonon control of a mechanical resonator", *Nature*, vol. 464, pp. 697–703, 2010.

[OLL 12] OLLIER E. *et al.*, "Ultra-scaled high-frequency single-crystal Si NEMS resonators and their front-end co-integration with CMOS for high sensitivity applications", *Proceedings of the IEEE MEMS conference*, pp. 1368–1371, 2012.

[PAL 85] PALIK E.D., *Handbook of Optical Constants of Solids*, Academic Press, p. 3187, 1985.

[PAL 05] PALASANTZAS G., DE HOSSON J.T.M., "Pull-in characteristics of electromechanical switches in the presence of Casimir forces: influence of self-affine surface roughness", *Physical Review A*, vol. 72, p. 115426, 2005.

[PAP 14] PAPPAKRISHNAN V.K., MUNDRU P.C., GENOV D.A., "Repulsive Casimir force in magnetodielectric plate configurations", *Physical Review B*, vol. 89, p. 045430, 2014.

[PAR 03] PARKIN S. *et al.*, "Magnetically engineered spintronic sensors and memory", *Proceedings of the IEEE*, vol. 91, pp. 661–680, 2003.

[PHI 14] PHILIPPE J. *et al.*, "Fully monolithic and ultra-compact NEMS-CMOS self-oscillator based on single-crystal silicon resonators and low-cost CMOS circuitry", *Proceedings of the IEEE MEMS Conference*, pp. 1071–1074, 2014.

[PIN 00] PINARD M., COHADON P.F., BRIANT T. *et al.*, "Full mechanical characterization of a cold damped mirror", *Physical Review E*, vol. 63, p. 013808, 2000.

[POO 11] POOT M., ETAKI S., YAMAGUCHI H. *et al.*, "Discrete-time quadrature feedback cooling of a radio-frequency mechanical resonator", *Applied Physics Letters*, vol. 99, p. 013113, 2011.

[POS 05] POSTMA H.W.C., KOZINSKY I., HUSAIN A. *et al.*, "Dynamic range of nanotube- and nanowire-based electromechanical systems", *Applied Physics Letters*, vol. 86, p. 223105, 2005.

[POU 03] POURKAMALI S. *et al.*, "High-Q single crystal silicon HARPSS capacitive beam resonators with self-sligned sub-100-nm transduction gaps", *Journal of Microelectromechanical Systems*, vol. 12, pp. 487–496, 2003.

[POV 05] POVINELLI M.L., SMYTHE E.J., JOHNSON S.G. *et al.*, "Evanescent-wave bonding between optical waveguides", *Optics Letters*, vol. 30, pp. 3042–3044, 2005.

[RAH 11] RAHAFROOZ A., POURKAMALI S., "High frequency dual-mode thermal-piezoresistive oscillators", *Proceedings of the IFCS*, pp. 1–4, 2011.

[RAZ 96] RAZAVI B., "A study of phase noise in CMOS oscillators", *IEEE Journal of Solid-State Circuits*, vol. 31, pp. 331–343, 1996.

[REY 02] REYNAUD S., The Casimir force and the quantum theory of optical networks, Lecture at the Physics Graduate School of ENS (Paris, France), p. 100, 2002.

[RIC 08] RICHTER J., PEDERSEN J., BRANDBYGE M. *et al.*, "Piezoresistance in p-type silicon revisited", *Journal of Applied Physics*, vol. 104, p. 023715, 2008.

[ROB 82] ROBINS W.P., *Phase Noise in Signal Sources*, Peter Peregrinus Ltd., 1982.

[ROB 83] ROBINS W.P., *Phase Noise in Signal Sources*, The Institution of Engineering and Technology, 1983.

[ROB 09] ROBERT P. *et al.*, "M&NEMS: a new approach for ultra-low cost 3D inertial sensor", *Proceedings of the IEEE Sensors* (*IEEE*), pp. 963–966, 2009.

[ROD 11] RODRIGUEZ A.W., CAPASSO F., JOHNSON S.G., "The Casimir effect in microstructured geometries", *Nature Photonics*, vol. 5, pp. 211–221, 2011.

[ROW 05] ROWE D.M., *Thermoelectrics Handbook: Macro to Nano*, CRC Press, 2005.

[ROW 08] ROWE A.C.H., "Silicon nanowires feel the pinch", *Nature Nanotechnology*, vol. 3, pp. 311–312, 2008.

[RUB 05] RUBIOLA E., "On the measurement of frequency and of its sample variance with high-resolution counters", *Review of Scientific Instruments*, vol. 76, 054703, 2005.

[RUG 04] RUGAR D., BUDAKIAN R., MAMIN H.J. *et al.*, "Single spin detection by magnetic resonance force microscopy", *Nature*, vol. 430, pp. 329–332, 2004.

[SAF 13] SAFAVI-NAEINI A.H. *et al.*, "Squeezed light from a silicon micromechanical resonator", *Nature*, vol. 500, pp. 185–189, 2013.

[SAG 13] SAGE E. *et al.*, "Frequency-addressed NEMS arrays for mass and gas sensing applications", *Proceedings of the Transducers Conference*, pp. 665–668, 2013.

[SAU 77] SAUVAGE G., "Phase noise in oscillators: a mathematical analysis of Leeson's model", *Transaction on Instrumentation and Measurement*, vol. 26, pp. 408–410, 1977.

[SAZ 04] SAZONOVA V. *et al.*, "A tunable carbon nanotube electromechanical oscillator", *Nature*, vol. 431, pp. 284–287, 2004.

[SCH 05] SCHWAB K.C., ROUKES M.L., "Putting mechanics into nanoelectromechanical structures are starting to approach the ultimate quantum", *Physics Today*, vol. 58, pp. 36–42, 2005.

[SCH 00a] SCHOUTEN R.N., HARMANS C.J.P.M., ORLANDO T.P., "Quantum superposition of macroscopic persistent-current states", *Science*, vol. 290, pp. 773–777, 2000.

[SCH 00b] SCHWAB K., HENRIKSEN E., WORLOCK J. *et al.*, "Measurement of the quantum of thermal conductance", *Nature*, vol. 404, pp. 974–977, 2000.

[SCH 06] SCHLIESSER A., DEL'HAYE P., NOOSHI N. *et al.*, "Radiation pressure cooling of a micromechanical oscillator using dynamical backaction", *Physical Review Letters*, vol. 97, 243905, 2006.

[SCH 08] SCHLIESSER A., RIVIÈRE R., ANETSBERGER G. *et al.*, "Resolved-sideband cooling of a micromechanical oscillator", *Nature Photonics*, vol. 4, pp. 415–419, 2008.

[SCH 09a] SCHLIESSER A., ARCIZET O., RIVIÈRE R. *et al.*, "Resolved-sideband cooling and position measurement of a micromechanical oscillator close to the Heisenberg uncertainty limit", *Nature Physics*, vol. 5, pp. 509–514, 2009.

[SCH 09b] SCHMIDT V., WITTEMANN J.V., SENZ S. *et al.*, "Silicon nanowires: a review on aspects of their growth and their electrical properties", *Advanced Materials*, vol. 21, pp. 2681–2702, 2009.

[SIR 09] SIRIA A. *et al.*, "Viscous cavity damping of a microlever in a simple fluid", *Physical Review Letters*, vol. 102, p. 254503, 2009.

[SIR 10] SIRIA A., Systèmes nano eléctro mécanique et interactions à l'échelle nanométrique, PhD thesis, Joseph-Fourier University, Grenoble, France, 2010.

[SNY 08] SNYDER G.J., TOBERER E.S., "Complex thermoelectric materials", *Nature Materials*, vol. 7, pp. 105–114, 2008.

[SRI 11] SRINIVASAN K., MIAO H., RAKHER M.T. *et al.*, "Optomechanical transduction of an integrated silicon cantilever probe using a microdisk resonator", *Nano Letters*, vol. 11, pp. 791–797, 2011.

[SZE 81] SZE S.M., *Physics of Semiconductor Devices*, Wiley-Interscience, New York, vol. 867, 1981.

[TAN 02] TANG H.X., HUANG X.M.H., ROUKES M.L. *et al.*, "Two-dimensional electron-gas actuation and transduction for GaAs nanoelectromechanical systems", *Applied Physics Letters*, vol. 81, pp. 3879–3881, 2002.

[THI 00] THIELICKE E., OBERMEIER E., "Microactuators and their technologies", *Mechatronics*, vol. 10, pp. 431–455, 2000.

[THO 10] THOURHOUT D.V., ROELS J., "Optical gradient force", *Nature*, vol. 4, pp. 211–217, 2010.

[TIM 25] TIMOSHENKO B.Y.S., "Analysis of bi-metal thermostats", *Journal of the Optical Society of America*, vol. 11, pp. 233–255, 1925.

[TRU 07] TRUITT P.A., HERTZBERG J.B., HUANG C.C. *et al.*, "Efficient and sensitive capacitive readout of nanomechanical resonator arrays", *Nano Letters*, vol. 7, pp. 120–126, 2007.

[TSA 12] TSAI M., LIU Y., FANG W., "A three-axis CMOS-MEMS accelerometer structure with vertically integrated fully differential sensing electrodes", *Journal of Microelectromechanical Systems*, vol. 21, pp. 1329–1337, 2012.

[UET 08] UETRECHT C. *et al.*, "High-resolution mass spectrometry of viral assemblies: molecular composition and stability of dimorphic hepatitis B virus capsids", *Proceedings of the National Academy of Sciences of the United States of America*, vol. 105, pp. 9216–9220, 2008.

[VAH 03] VAHALA K.J., "Optical microcavities", *Nature*, vol. 424, pp. 839–846, 2003.

[VAN 10] VAN THOURHOUT D., ROELS J., "Optical gradient force", *Nature Photonics*, vol. 4, pp. 211–217, 2010.

[VEI 01] VEIJOLA T., TUROWSKI M., "Compact damping models for laterally moving microstructures with gas-rarefaction effects", *Journal of Microelectromechanical Systems*, vol. 10, pp. 263–273, 2001.

[VER 06a] VERD J. *et al.*, "Integrated CMOS – MEMS with on-chip readout electronics for high-frequency applications", *IEEE Electron Device Letters*, vol. 27, pp. 495–497, 2006.

[VER 06b] VERNOTTE F., Techniques de l'Ingénieur, R 681-1-10, 2006.

[VER 07a] VERD J., URANGA A., ABADAL G. *et al.*, "Monolithic mass sensor fabricated using a conventional technology with attogram resolution in air conditions", *Applied Physics Letters*, vol. 91, p. 013501, 2007.

[VER 07b] VERD J. *et al.*, "CMOS cantilever-based oscillator for attogram mass sensing", *IEEE International Symposium on Circuits and Systems*, IEEE, pp. 3319–3322, 2007.

[VER 08] VERD J. *et al.*, Monolithic CMOS MEMS oscillator circuit for sensing in the attogram range", *IEEE Electron Device Letters*, vol. 29, pp. 146–148, 2008.

[VER 13] VERD J., URANGA A., SEGURA J. *et al.*, "A 3V CMOS-MEMS oscillator in 0.35 μm CMOS technology", *Proceedings of the Transducers Conference*, pp. 806–809, 2013.

[VIO 02] VION D. *et al.*, "Manipulating the quantum state of an electrical circuit", *Science*, vol. 296, pp. 886–889, 2002.

[WAL 12] WALTHER A. *et al.*, "3-axis gyroscope with Si nanogage piezo-resistive detection", *Proceedings of the IEEE MEMS conference*, pp. 480–483, 2012.

[WAN 03] WANG Y., HENRY J.A., ZEHNDER A.T. *et al.*, "Surface chemical control of mechanical energy losses in micromachined silicon structures", *Journal of Physical Chemistry*, vol. 107, pp. 14270–14277, 2003.

[WEA 90] WEAVER W., TIMOSHENKO S.P., YOUNG D.H., *Vibration Problems in Engineering*, Wiley, New York, 1990.

[YAN 00] YANG J., ONO T., ESASHI M., "Mechanical behavior of ultrathin microcantilever", *Sensors & Actuators: A. Physical*, vol. 82, pp. 102–107, 2000.

[YAN 06] YANG Y.T., CALLEGARI C., FENG X.L. *et al.*, "Zeptogram-scale nanomechanical mass sensing", *Nano Letters*, vol. 6, pp. 583–586, 2006.

[YAZ 98] YAZDI N., AYAZI F., NAJAFI K., "Micromachined inertial sensors", *Proceedings of the IEEE*, vol. 86, pp. 1640–1659, 1998.

[YOL 12] YOLE DÉVELOPPEMENT, Technology Trends for Inertial MEMS, pp. 1–12, available at: www.yole.fr, 2012.

[YON 88] YONG Y.K., VIG J.R., "Resonator surface contamination – a cause of frequency fluctuation?", *Proceedings of the 42nd Annual Frequency Control Symposium*, pp. 397–403, 1988.

[ZAL 10] ZALALUTDINOV M.K. *et al.*, "CMOS-integrated RF MEMS resonators", *Journal of Microelectromechanical Systems*, vol. 19, pp. 807–815, 2010.

[ZEN 38] ZENER C., "Internal friction in solids II. General theory of thermoelastic internal friction", *Physical Review*, vol. 53, pp. 90–99, 1938.

[ZHA 09] ZHAO R., ZHOU J., KOSCHNY T. *et al.*, "Repulsive Casimir force in chiral metamaterials", *Physical Review Letters*, vol. 103, p. 103602, 2009.

[ZHA 12] ZHANG W.-M., MENG G., WEI X., "A review on slip models for gas microflows", *Microfluidics and Nanofluidics*, vol. 13, pp. 845–882, 2012.